大数据技术与应用研究

彭 飞 ◎ 著

吉林出版集团股份有限公司
全国百佳图书出版单位

图书在版编目（CIP）数据

大数据技术与应用研究 / 彭飞著. -- 长春 ：吉林
出版集团股份有限公司，2023.5

ISBN 978-7-5731-3401-1

Ⅰ. ①大… Ⅱ. ①彭… Ⅲ. ①数据处理—研究
Ⅳ.①TP274

中国国家版本馆CIP数据核字(2023)第093450号

DASHUJU JISHU YU YINGYONG YANJIU

大 数 据 技 术 与 应 用 研 究

著　　者	彭　飞	
责任编辑	张婷婷	
装帧设计	朱秋丽	
出　　版	吉林出版集团股份有限公司	
发　　行	吉林出版集团青少年书刊发行有限公司	
地　　址	吉林省长春市福祉大路 5788 号（130118）	
电　　话	0431-81629808	
印　　刷	北京昌联印刷有限公司	
版　　次	2023 年 5 月第 1 版	
印　　次	2023 年 5 月第 1 次印刷	
开　　本	787 mm × 1092 mm　　1/16	
印　　张	10.5	
字　　数	230 千字	
书　　号	ISBN 978-7-5731-3401-1	
定　　价	76.00元	

前　言

近年来，大数据的浪潮奔涌到世界上的每个角落。在大数据的驱动下，人类社会在加速发展。大数据已经成为企业界、科技界和政府等关注的热点。大数据涉及的范围非常广泛。它也将持续地影响人们生活的各个方面。

人们已经不再纠结大数据的概念——大数据已经开始在各个领域得到应用，数据产品诞生，为使衣食住行更为便捷而努力，支撑商业社会的运转，或者维系着某种庞大体系的安全；还在单纯讲着大数据故事和满足于展望未来的人越来越少——有些故事被证明只是故事，而一些三四年前被认为尚且遥远的想象，正在逐步成为现实。无论给这个时代赋予怎样的标签——"互联网""移动互联网""人工智能"，我们都将发现，大数据在其中确实具有广泛的基础性和关键性价值。毕竟在这纷繁复杂、高速运转、迭代进化的信息世界中，数据——无论是数值型或是文本型，结构化或是非结构化的——都是信息的最佳留存载体，也是我们用于解释过去和预测未来唯一有价值的资料。过去因存储条件的限制，只有一部分信息被留存下来，即使如此，面对这些保存下来的信息资料，我们尚感到力不从心；如今我们已身处大数据洪流，人类社会面临的中心问题，的确已从提高劳动生产率，转变为如何更好地利用信息帮助我们做出最佳决策。

由于互联网和信息技术的快速发展，大数据日益受到人们的关注，已经引发自互联网、云计算之后 IT 产业的新的技术革命。面对信息的激流，多元化数据的涌现，大数据已经为个人生活、企业经营，甚至国家与社会的发展都带来了机遇和挑战，成为 IT 产业中最具潜力的蓝海。人们用大数据来描述和定义信息爆炸时代产生的海量数据，并命名与之相关的技术发展与创新。企业内部的经营信息、互联网世界中的商品物流信息，以及互联网世界中的人与人交互信息、位置信息等，其数量将远远超越现有企业 IT 架构和基础设施的承载能力，实时性要求也将大大超越现有的计算能力。然而如何盘活这些数据资产，使其为国家治理、企业决策乃至个人生活服务，是大数据的核心议题。

本书首先对大数据的基本概念做了简单的介绍，以便读者在阅读本书时，能够对大数据有个浅显的认识，也能对本书内容有更深入的理解；其次本书研究了大数据的生命周期以及大数据安全问题的管理，通过这两方面的研究对大数据的具体形式和当前的现状等问题都能够有深入的了解；最后以大数据应用的基本策略以及大数据应用模式和价值引出当前大数据在城市交通、金融、能源、教育等领域的应用问题。

由于作者水平有限，本书在内容上难免有不妥甚至谬误之处，敬请广大学界同人和读者朋友指正。

目　录

第一章　大数据概述

第一节　数据洪流

2012 年的 IT 业界，吸引众人目光的热门关键词包括了 Big Data（又称大数据、巨量数据、海量数据）。在 IT 业界，每隔两到三年就会出现轰动一时但很快会被人遗忘的流行术语，而继"云端"之后能够超越流行术语境界并深植人心的，应该就是"大数据"。

一如过去的众多流行术语，"大数据"也是来自欧美的热门关键词，不过这个名词的起源真相却不明。在欧美以"大数据"为题材的简报中经常被拿来参考的，是 2010 年 2 月《经济学人》（*Economist*）的特别报道——《数据洪流》（*The Data Deluge*）。"Deluge"是个比较陌生的单词，查一下字典可了解其意义为"泛滥、大洪水、大量的"。因此"The Data Deluge"直译便是"资料的大洪水、大批的数据"的意思。虽然这篇报道与目前有关的大数据的议题大同小异，但在读完文章后却不见有 Big Data 这个名词的踪影。然而，自从这篇报道问世后，大数据成为话题的频率急剧增加。基于这一事实，说它是造成目前世人对大数据议论纷纷的一大契机也不为过。

以大数据为题材的报道，经常引用美国麦肯锡全球研究院（McKinsey Global Institute，MGI）在 2011 年 5 月所发表《大数据：创新产出、竞争优势与生产力提升的下一个新领域》（*Big Data:The next frontier for innovation,competition and productivity*）的研究报告，其报告分析了数值及文件快速增加的状态，阐述了处理这些数据能够得到潜在的数据价值。讨论分析了大数据相关的经济活动和各产业处的价值。这份报告在商业街引起极大的关注，为大数据从技术领域进入商业领域吹起号角。

在 2012 年 3 月 29 日奥巴马政府以《大数据带来大革命》（*Big Data is a Big Deal*）为题发布新闻，宣布投资两亿美元启动"大数据研究与发展计划"，一共涉及美国国家科学基金、美国国防部等六个联邦政府部门，大力推动和改善与大数据相关的收集、组织和分析工具及技术，以推动培养从大量的、复杂的数据中获取知识和洞察的能力的进程。

2012 年 5 月，联合国发布了一份大数据白皮书，总结了各国政府如何利用大数据来服务公民，指出大数据对于联合国和各国政府来说是一个历史性的机遇。联合国还探讨了如何利用社交网络在内的大数据资源造福人类。

2012 年 12 月，世界经济论坛发布《大数据，大影响》的报告，阐述大数据为国际发展带来新的商业机会，建议各国的工业界、学术界、非营利性机构的管理者一起利用大数据所创造的机会。

由此可见，大数据越来越受重视，已成为当今最热门的议题之一。

第二节　大数据的基本概念

已故的图灵奖得主 Jim Gray 在其《事务处理》一书中提到：6000 年以前。苏美尔人（Sumerians）就使用了数据记录的方法，已知最早的数据是写在土块上，上面记录着皇家税收、土地、谷物、牲畜、奴隶和黄金等情况。随着社会的进步和生产力的提高，类似土块的处理系统演变了数千年，经历了殷墟甲骨文、古埃及莎草纸、羊皮纸等。19 世纪后期打孔卡片出现，用于 1890 年美国人口普查。现代人类用卡片取代了苏美尔人使用的"土块"，使得系统可以每秒查找或更新一个"土块"（卡片）。可见，用数据记录社会由来已久，而数据的多少和系统的能力是与当时社会结构的复杂程度和生产力水平密切相关的。

随着人类进入 21 世纪，尤其是互联网和移动互联网技术的发展，使得人与人之间的联系日益密切，社会结构日趋复杂，生产力水平得到极大提升，人类创造性活力得到充分释放，与之相应的数据规模和处理系统也发生了巨大改变，从而催生了当下众人热议的大数据局面。

从历史观的角度看，数据（1）和社会（S）形成了一定的对应关系。即：$D_1 \sim f(S_{\text{Sumerians}})$，…，$D_{\text{big}} \sim f(S_{\text{present}})$，…，$D_n \sim f(S_{\text{future}})$。从量的关系上，$D_1$，…，$D_{\text{big}}$，…，$D_n$ 可能存在大小关系，还可形成包含关系，但它们只是与当时的社会发展状况相对应；D_{big} 不可能反映代表未来的 D_n，因为我们不知道未来会有什么新的社会结构（诸如当下社交网络一类的事物）出现，也不知道会有什么新的生产活动（诸如电商一类的事物）产生；同样 D_1 也不需要具有 D_{big} 的规模，因为当时人们并没有如此频繁的联系活动。近期，美国加州大学伯克利分校 Michael I. Jordan 教授提出"大数据的冬天即将到来"，如果我们能历史地认识 D_{big} 的地位。没有把 D_{big} 当作 D_n，就不存在"冬天"与"春天"的问题。这是历史客观发展的事实。

基于以上分析，当下大数据的产生主要与人类社会生活网络结构的复杂化、生产活动的数字化、科学研究的信息化相关，其意义和价值在于可帮助人们解释复杂的社会行为和结构，以及提高生产力，进而丰富人们发现自然规律的手段。本质上，大数据具有以下三个方面的内涵，即大数据的"深度"、大数据的"广度"以及大数据的"密度"。所谓"深度"是指领域数据汇聚的规模，可以进一步理解为数据内容的"维度"；"广度"是指多领域数据汇聚的规模，侧重体现在数据的关联、交叉和附和等方面；"密度"是指时空维上数据汇聚的规模，即数据积累的"厚度"以及数据产生的"速度"。

面对不断涌现的大数据应用，数据库乃至数据管理技术面临新的挑战。传统的数据库技术侧重考虑数据的"深度"问题，主要解决关于数据的组织、存储、查询和简单分析等问题。其后，数据管理技术在一定程度上考虑了数据的"广度"和"密度"问题，主要解决数据的集成、流处理、图结构等问题。这里提出的大数据管理是要综合考虑数据的"广度""深度""密度"等问题，主要解决数据的获取、抽取、集成、复杂分析、解释等技术难点。因此，与传统数据管理技术相比，大数据管理技术难度更高，处理数据的"战线"更长。

第三节 大数据的生态环境

大数据是人类活动的产物，它产生于人们改造客观世界的过程中，是生产与生活在网络空间的投影。信息爆炸是对信息快速发展的一种逼真的描述，形容信息发展的速度如同爆炸一般席卷整个空间。在 20 世纪 40 ~ 50 年代，信息爆炸主要指的是科学文献的快速增长。而经过 50 年的发展，20 世纪 90 年代，由于计算机和通信技术的广泛应用，信息爆炸主要指的是所有社会信息快速增长，包括正式交流过程和非正式交流过程所产生的电子式的和非电子式的信息。而到 21 世纪的今天，信息爆炸是由于数据洪流的产生和发展所造成的。在技术方面，新型的硬件与数据中心、分布式计算、云计算、高性能计算、大容量数据存储与处理技术、社会化网络、移动终端设备、多样化的数据采集方式使大数据的产生和记录都成为可能。在用户方面，日益人性化的用户界面、信息行为模式等都容易作为数据量化而被记录，用户既可以成为数据的制造者，又可以成为数据的使用者。可以看出，随着云计算、物联网计算和移动计算的发展，世界上所产生的新数据，包括位置、状态、思考、过程和行动等数据都能够汇入数据洪流，互联网的广泛应用，尤其是"互联网 +"的出现，促进了数据洪流的发展。

归纳起来，大数据主要来自互联网世界与物理世界。

一、互联网世界

大数据是计算机和互联网相结合的产物，计算机实现了数据的数字化，互联网实现了数据的网络化，两者结合起来之后，赋予了大数据强大的生命力。随着互联网如同空气、水、电一样无处不在地渗透到人们的工作和生活当中，以及移动互联网、物联网、可穿戴联网设备的普及，新的数据正在以指数级速率加速产生，目前世界上 90% 的数据是互联网出现之后迅速产生的。来自互联网的网络大数据是指"人、机、物"三元世界在网络空间（Cyberspace）中交互、融合所产生并可在互联网上获得的大数据，网络大数据的规模和复杂度的增长超出了硬件能力增长的摩尔定律。

大数据来自人类社会，尤其是互联网的发展为数据的存储、传输与应用创造了基础与环境。依据基于唯象假设的六度分隔理论而建立的社交网络服务（Social Network Service, SNS），以认识朋友的朋友为基础，扩展自己的人脉。基于 Web 2.0 交互网站建立的社交网络，用户既是网站信息的使用者，也是网站信息的制作者。社交网站记录人们之间的交互，搜索引擎记录人们的搜索行为和搜索结果，电子商务网站记录人们购买商品的喜好，微博网站记录人们所产生的即时想法和意见，图片、视频分享网站记录人们的视觉观察，百科全书网站记录人们对抽象概念的认识，幻灯片分享网站记录人们的各种正式和非正式的演讲发言，机构知识库和期刊记录学术研究成果等。归纳起来，来自互联网的数据可以划分为下述几种类型。

1. 视频图像

视频图像是大数据的主要来源之一，电影、电视节目可以产生大量的视频图像。各种室内外的视频摄像头昼夜不停地产生巨量的视频图像。视频图像以每秒几十帧的速度连续记录运动着的物体，一个小时的标准清晰视频经过压缩后，所需的存储空间为 GB 数量级，对于高清晰度视频所需的存储空间就更大了。

2. 图片与照片

图片与照片也是大数据的主要来源之一，截至 2011 年 9 月，用户向脸书（Facebook，美国的一个社交网络服务网站）上传了 1400 亿张以上的照片。如果拍摄者为了保存拍摄时的原始文件，平均每张照片大小为 1 MB，则这些照片的总数据量约为 $1.4 \times 10^{12} \times 1$ MB=140 PB，如果单台服务器磁盘容量为 10 TB，则存储这些照片需要 14000 台服务器，而且这些上传的照片仅仅是人们拍摄到的照片的很少一部分。此外，许多遥感系统 24 小时不停地拍摄并产生大量照片。

3. 音频

DVD 光盘采用了双声道 16 位采样，采样频率为 44.1 kHz，可达到多媒体欣赏水平。如果某音乐剧的时间为 5.5 分，计算其占用的存储容量为：

存储容量 =（采样频率 × 采样位数 × 声道数 × 时间）/8

$$=（44.1 \times 1000 \times 16 \times 2 \times 5.5 \times 60）/8$$

$$\approx 58.2 \text{ MB}$$

4. 日志

网络设备、系统及服务程序等，在运作时都会产生 vlog 的事件记录。每一行日志都记载着日期、时间、使用者及动作等相关操作的描述。Windows 网络操作系统设有各种各样的日志文件，如应用程序日志、安全日志、系统日志、Scheduler 服务日志、FTP 日志、WWW 日志、DNS 服务器日志等，这些根据系统根据服务的不同而有所不同。用户在系统上进行一些操作时，这些日志文件通常记录了用户操作的一些相关内容，这些内容对系统安全工作人员相当有用。例如，有人对系统进行了 IPC 探测，系统就会在安全日志里迅速地记下探测者探测时所用的 IP、时间、用户名等，用 FTP 探测后，就会在 FTP 日志中记下探测者探测时所用的 IP、时间、探测用户名等。

网站日志记录了用户对网站的访问，电信日志记录了用户拨打和接听电话的信息，假设有 5 亿用户，每个用户每天呼入和呼出 10 次，每条日志占用 400 B，并且需要保存 5 年，则数据总量为 $5 \times 10 \times 365 \times 400 \times 5$ Byte≈3.65 PB。

5. 网页

网页是构成网站的基本元素，是承载各种网站应用的平台。通俗地说，网站就是由网页组成的，如果只有域名和虚拟主机而没有制作任何网页，客户仍旧无法访问网站。网页要通过网页浏览器来阅读。文字与图片是构成一个网页的两个最基本的元素。可以简单地理解为：文字就是网页的内容，图片就是网页的美观描述。除此之外，网页的元素还包括动画、音乐、程序等。

网页分为静态网页和动态网页。静态网页的内容是预先确定的，并存储在 Web 服务器或者本地计算机、服务器之上，动态网页取决于用户提供的参数，并根据存储在数据库中的网站上的数据而创建。通俗地讲，静态网页是照片，每个人看都是一样的，而动态网页则是镜子，不同的人（不同的参数）看都不相同。

网页中的主要元素有感知信息、互动媒体和内部信息等。感知信息主要包括文本、图像、动画、声音、视频、表格、导航栏、交互式表单等。互动媒体主要包括交互式文本、互动插图、按钮、超链接等。内部信息主要包括注料，通过超链接链接到某文件、元数据与语义的元信息、字符集信息、文件类型描述、样式信息和脚本等。

网页内容丰富，数据量巨大，每个网页有 25 KB 数据，则一万亿个网页的数据总量约为 25 PB。

二、物理世界

来自物理世界的大数据又被称为科学大数据，科学大数据主要来自大型国际实验、跨实验室、单一实验室或个人观察实验所得到的科学实验数据或传感数据。最早提出大数据概念的学科是天文学和基因学，这两个学科从诞生之日起就依赖于基于海量数据的分析方法。由于科学实验是科技人员设计的，数据采集和数据处理也是事先设计的，所以不管是检索还是模式识别，都有科学规律可循。例如希格斯粒子，又称为"上帝粒子"的寻找，采用了大型强子对撞机实验。这是一个典型的基于大数据的科学实验，至少要在 1 万亿个事例中才可能找出一个希格斯粒子。从这一实验可以看出，科学实验的大数据处理是整个实验的一个预定步骤。这是一个有规律的设计，发现有价值的信息可在预料之中。大型强子对撞机每秒生成的数据量约为 1 PB。建设中的下一代巨型射电望远镜阵每天生成的数据量大约在 1 EB。波音发动机上的传感器每小时产生 20 TB 左右的数据。

随着科研人员获取数据方法与手段的变化，科研活动产生的数据量激增，科学研究已成为数据密集型活动。科研数据因其数据规模大、类型复杂多样、分析处理方法复杂等特征，已成为大数据的一个典型代表。大数据所带来的新的科学研究方法反映了未来科学的行为研究方式，数据密集型科学研究将成为科学研究的普遍范式。

利用互联网可以将所有的科学大数据与文献联系在一起，创建一个文献与数据能够交互操作的系统，即在线科学数据系统。

对于在线科学数据，由于各个领域互相交叉，不可避免地需要使用其他领域的数据。利用互联网能够将所有文献与数据集成在一起，可以实现从文献计算到数据的整合。这样可以提高科技信息的检索速度，进而大幅度地提高生产力。也就是说，在线阅读某人的论文时，可以查看他们的原始数据，甚至可以重新分析，也可以在查看某些数据时查看所有关于这一数据的文献。

第四节　大数据的性质

从大数据的定义中可以看出大数据具有规模大、种类多、速度快、价值密度低和真实性差等特点，在数据增长、分布和处理等方面具有更多复杂的性质。

一、非结构性

结构化数据可以在结构数据库中存储与管理，并可用二维表来表示实现的数据。这类数据是先定义结构，然后才有数据。结构化数据在大数据中所占比例较小，仅占15%左右，现已被广泛应用，当前的数据库系统以关系数据库系统为主导，例如银行财务系统、股票与证券系统、信用卡系统等。

非结构化数据是指在获得数据之前无法预知其结构的数据，目前所获得的数据85%以上是非结构化数据，而不再是纯粹的结构化数据。传统的系统无法对这些数据完成处理，从应用角度来看，非结构化数据的计算是计算机科学的前沿。大数据的卷度异构也导致抽取语义信息的困难。如何将数据组织成合理的结构是大数据管理中的一个重要问题，大量出现的各种数据本身是非结构化的或半结构化的数据，如图片、照片、日志和视频数据等是非结构化数据，而网页等是半结构化数据。大数据大量存在于社交网络、互联网和电子商务等领域。另外，也有约90%的数据来自开源数据，其余的被存储在数据库中。大数据的不确定性表现在高维、多变和强随机性等方面。股票交易数据流是不确定性大数据的一个典型例子。结构化数据、非结构化数据、半结构化数据的比较，见表1-1所示。

表1-1　结构化数据、非结构化数据、半结构化数据的比较表

对比项	结构化数据	非结构化数据	半结构化数据
定义	具有数据结构描述信息的数据	不方便用固定结构来表现的数据	处于结构化数据和非结构化数据之间的数据
结构与数据的关系	先有结构，再有数据	只有数据，无结构	先有数据，再有结构
示例	各类表格	图形、图像、音频、视频信息	HTML文档，它一般是自描述的，数据的内容与结构混在一起

大数据引发了大量研究问题。非结构化数据和半结构化数据的个体表现、一般性特征和基本原理尚不清晰，这些需要通过数学、经济学、社会学、计算机科学和管理科学在内的多学科交叉研究。对于半结构化数据或非结构化数据，例如图像，需要研究如何将它转化成多维数据表、面向对象的数据模型或者直接基于图像的数据模型。还应说明的是，大数据每一种表示形式都仅呈现数据本身的一个侧面，并非其全貌。

由于现存的计算机科学与技术架构和路线，已经无法高效处理如此大的数据量，如何将这些大数据转化成一个结构化的格式是一项重大挑战，如何将数据组织成合理的结构也是大数据管理中的一个重要问题。

二、不完备性

数据的不完备性是指在大数据条件下所获取的数据常常包含一些不完整的信息和错误，即脏数据。在数据分析阶段之前，需要进行抽取、清理、集成，得到高质量的数据之后，再进行挖掘和分析。

三、时效性

数据规模越大，分析处理的时间就会越长，所以高效进行大数据处理非常重要。如果设计一个专门处理固定大小数据量的数据系统，其处理速度可能会非常快，但并不能满足对处理大数据的要求。因为在许多情况下，用户要求立即得到数据的分析结果，需要在处理速度与规模间折中考虑，并寻求新的方法。

四、安全性

由于大数据高度依赖数据存储与共享，必须考虑寻找更好的方法来消除各种隐患与漏洞，才能有效地管控安全风险。数据的隐私保护是大数据分析和处理的一个重要问题，对个人数据使用不当，尤其是有一定关联的多组数据泄露，将导致用户的隐私泄露。因此，大数据安全性问题是一个重要的研究方向。

五、可靠性

通过数据清洗、去冗等技术手段来提取有价值的数据，实现数据质量高效管理以及对数据的安全访问和隐私保护已成为大数据可靠性的关键需求。因此，针对互联网大规模真实运行数据的高效处理和持续服务需求，以及出现的数据异质异构、非结构乃至不可信特征。数据的表示、处理和质量已经成为互联网环境中大数据管理和处理的重要问题。

第五节　大数据技术

大数据可分为大数据技术、大数据工程、大数据科学和大数据应用等领域。从解决问题的角度出发，目前关注最多的是大数据技术和大数据应用。

大数据技术是指从数据采集、清洗、集成、分析与解释，进而从各种各样的巨量数据中快速获得有价值信息的全部技术。目前所说的大数据有双重含义，它不仅指数据本身的特点，也包括采集数据的工具、平台和数据分析系统。大数据研究的目的是发展大数据技术并将其应用到相关领域，通过解决大数据处理问题来促进突破性发展。因此，大数据带来的挑战不仅体现在如何处理大数据，并从中获取有价值的信息，也体现在如何加强大数据技术研发。抢占时代发展的前沿。

大数据工程是指大数据的规划、建设运营和管理的系统工程。大数据科学关注大数据网络发展和运营过程中发现和验证大数据的规律及其与自然和社会活动之间的关系。

被誉为数据仓库之父的比尔·恩门（Bill Inmon）早在 20 世纪 90 年代就提出了大数据的概念。近年来，互联网、云计算、移动计算和物联网迅猛发展，无所不在的移动设备、RFID、无线传感器每分每秒都在产生数据。数以亿计用户的互联网服务时时刻刻在产生巨量的交互，而业务需求和竞争压力对数据存储与管理的实时性、有效性又提出了更高要求。在这种情况下提出和应用了许多新技术，主要包括分布式缓存、分布式数据库、分布式文件系统、各种 NoSQL 分布式存储方案等。

一、大数据处理的全过程

数据规模急剧扩大超过了当前计算机存储与处理能力。不仅数据处理规模巨大，而且数据处理需求多样化。因此，数据处理能力成为核心竞争力。数据处理需要将多学科结合，需要研究新型数据处理的科学方法，以便在数据多样性和不确定性的前提下进行数据规律和统计特征的研究。ETL 工具负责将分布的异构数据源中的数据，如关系数据、平面数据文件等抽取到临时中间层后进行清洗、集成、转换、约简，最后加载到数据仓库或数据集市中。成为联机分析处理、数据挖掘的基础。

一般来说，数据处理的过程可以概括为五个步骤，分别是数据采集与记录，数据抽取、清洗与标记，数据集成、转换与约简，数据分析与建模，数据解释。

（一）数据采集与记录

数据的采集是指利用多个数据库来接收发自客户端（Web、App 或者传感器形式等）的数据，并且用户可以通过这些数据库来进行简单的查询和处理工作。例如，电子商务系统使用传统的关系型数据库 MySQL、结构化数据库 SQL Server 和 Oracle 等来存储每一笔事务数据，除此之外，Redis 和 MongoDB 这样的 NoSQL 数据库也常用于数据的采集。在大数据的采集过程中，其主要特点是并发率高，因为同时可能将有成千上万的用户来进行访问和操作。例如，火车票售票网站和淘宝网站，它们并发的访问量在峰值时达到上百万，所以需要在采集端部署大量数据库才能支撑，并且对这些数据库之间进行负载均衡和分片设计。常用的数据采集方法如下所述。

1. 系统日志采集方法

很多互联网企业都有自己的海量数据采集工具，多用于系统日志采集，如 Hadoop 的 Chukwa、Cloudera 的 Flume、脸书（Facebook）的 Scribe 等。这些工具均采用分布式架构。能满足每秒数百兆字节的日志数据采集和传输需求。

2. 网络数据采集方法

网络数据采集是指通过网络爬虫或网站公开 API 等方式从网站上获取数据信息。该方法可以将非结构化数据从网页中抽取出来，将其存储为统一的本地数据文件，并以结构化的方式存储。它支持图片、音频、视频等文件或附件的采集，附件与正文可以自动关联。

除了网络中包含的内容之外，对于网络流量的采集可以使用 DPI 或 DFI 等带宽管理技术进行处理。

3. 其他数据采集方法

对于企业生产经营数据或科学大数据等保密性要求较高的数据，可以通过与企业或研究机构合作，使用特定系统接口等相关方式采集数据。

（二）数据抽取、清洗与标记

采集端本身设有很多数据库，如果要对这些数据进行有效的分析，应该将这些来自前端的数据抽取到一个集中的大型分布式数据库，或者分布式存储集群，还可以在抽取基础上做一些简单的清洗和预处理工作。也有一些用户在抽取时使用来自推特（Twitter）的 Storm 对数据进行流式计算，来满足部分业务的实时计算需求。大数据抽取、清洗与标记过程的主要特点是抽取的数据量大，每秒钟的抽取数据量经常可达到百兆甚至千兆数量级。

（三）数据集成、转换与约简

数据集成技术的任务是将相互关联的分布式异构数据源集成到一起，使用户能够以透明的方式访问这些数据源。在这里，集成是指维护数据源整体上的数据一致性，提高信息共享利用的效率，透明方式是指用户不必关心如何对异构数据源进行访问，只关心用何种方式访问何种数据即可。

（四）数据分析与建模

统计与分析主要利用分布式数据库，或者分布式计算集群来对存储于其内的大数据进行分析和分类汇总等，以满足大多数常见的分析需求。分析方法主要包括假设检验、显著性检验、差异分析、相关分析、T 检验、方差分析、卡方分析、偏相关分析、距离分析、回归分析（简单回归分析、多元回归分析）、逐步回归、回归预测与残差分析、曲线估计、因子分析、聚类分析、主成分分析、判别分析、对应分析、多元对应分析（最优尺度分析）等。

在这些方面，一些实时性需求会用到 EMC 的 Green Plum、Oracle 的 Exadata 以及基于 MySQL 的列式存储 Infobright 等，而一些批处理，或者基于半结构化数据的需求可以使用 Hadoop。统计与分析部分的主要特点是分析中涉及的数据量巨大，对系统资源，特别是 I/O 资源占用极大。

和统计与分析过程不同，数据挖掘一般没有预先设定好主题。主要是在现有数据上进行基于各种算法的计算，起到预测的作用，从而实现一些高级别数据分析的需求，主要进行分类、估计、预测、相关性分组或关联规则、聚类、描述和可视化、复杂数据类型挖掘等。比较典型的算法有 K 均值聚类算法、SVM 统计学习算法和 Nive Bayes 分类算法，主要使用的工具有 Hadoop 的 Mahout 等。该过程的特点主要是用于挖掘的算法很复杂，并且计算涉及的数据量和计算量都很大，常用数据挖掘算法都以单线程为主。

建模的主要内容是构建预测模型、机器学习模型和建模仿真等。

（五）数据解释

数据解释的目的是使用户理解分析的结果，通常包括检查所提出的假设并对分析结果进行解释，采用可视化展现大数据分析结果。例如，利用云计算、标签云、关系图等呈现。

大数据处理的过程至少应该满足上述五个基本步骤，才能成为一个比较完整的大数据处理过程。

二、大数据技术的特征

大数据技术具有下述显著的特征。

（一）分析全面的数据而非随机抽样

在大数据出现之前，由于缺乏获取全体样本的手段和可能性，针对小样本提出了随机抽样的方法。在理论上，越随机抽取样本，就越能代表整体样本。但是获取随机样本的代价极高，而且费时。出现数据仓库和云计算之后，获取足够大的样本数据，以至获取全体数据更为容易了。因为所有的数据都在数据仓库中，完全不需要以抽样的方式调查这些数据。获取大数据本身并不是目的，能用小数据解决的问题绝不要故意增大数据量。当年开普勒发现行星三大定律，牛顿发现力学三大定律都是基于小数据。从通过小数据获取知识的案例中得到启发，人脑具有强大的抽象能力，例如人脑就是小样本学习的典型。

2~3 岁的小孩看少量图片就能正确区分马与狗、汽车与火车，似乎人类具有与生俱来的知识抽象能力。从少量数据中如何高效抽取概念和知识是值得深入研究的方向。至少应明白解决某类问题，多大的数据量是合适的，不要盲目追求超量的数据。数据无处不在，但许多数据是重复的或者没有价值的，未来的任务不是获取越来越多的数据，而是数据的去冗分类、去粗取精，从数据中挖掘知识、获得价值。

（二）重视数据的复杂性，弱化精确性

对小数据而言，最基本和最重要的要求就是减少错误、保证质量。由于收集的数据少，所以必须保证记录下来的数据尽量准确。例如，使用抽样的方法，就需要在具体的运算上非常精确，在 1 亿人口中随机抽取 1000 人，如果在 1000 人的运算上出现错误，那么放大到 1 亿人将会增大偏差，但在全体样本上，产生多少偏差就是多少偏差，不会被放大。

精确的计算是以时间消耗为代价的，在小数据情况下，追求精确是为了避免放大的偏差而不得已为之的做法。但在样本等于总体大数据的情况下，快速获得一个大概的轮廓和发展趋势比严格的精确性重要得多。

大数据的简用算法比小数据更有效，大数据不再期待精确性，也无法实现精确性。

（三）关注数据的相关性，而非因果关系

相关性表明变量 A 与变量 B 有关，或者说变量 A 的变化与变量 B 的变化之间存在一定的比例关系，但在这里的相关性并不一定是因果关系。

亚马逊的推荐算法指出，根据消费记录来告诉用户可能喜欢什么，这些消费记录有可能是别人的，也有可能是该用户自己的历史购买记录，并不能说明喜欢的原因。不能说很多人都喜欢购买 A 和 B，就存在购买 A 之后的结果是购买 B 的因果关系，这是一个未必的事情。但能反映出其相关性高，或者说概率大。大数据技术只知道是什么，而不需要知道为什么，就像亚马逊的推荐算法指出的那样，知道喜欢 A 的人很可能喜欢 B，却不知道其中的原因。知道是什么就足够了，没有必要知道为什么。在大数据背景下，通过相互关系就可以比以前更容易、更快捷、更清楚地进行分析，找到一个现象的关系物。系统相互依赖的是相互关系，而不是因果关系，相互关系可以表明将发生什么，而不是为什么发生，这正是这个系统的价值。大数据的相互关系分析更准确、更快，而且不易受到偏见的影响。建立相互关系分析法的预测是大数据的核心。当完成了相互关系分析之后，又不满足仅仅知道为什么，可以再继续研究因果关系，找出原因。

（四）学习算法复杂度

一般 nlogn 级的学习算法复杂度可以接受，但面对 PB 级以上的海量数据，nlogn 级的学习算法难以接受，处理大数据需要更简单的人工智能算法和新的问题求解方法。普遍认为，大数据研究不止是上述几种方法的集成，应该具有不同于统计学和人工智能的本质内涵。大数据研究是一种交叉科学研究，应体现其交叉学科的特点。

三、大数据的关键问题与关键技术

（一）大数据的关键问题

大数据来源非常丰富且数据类型多样，存储和分析挖掘的数据量庞大，对数据展现的要求较高，并且重视处理大数据的高效性和可用性。

1. 非结构化和半结构化数据处理

如何处理非结构化和半结构化数据是一项重要的研究课题。如果把通过数据挖掘提取粗糙知识的过程称为一次挖掘过程,那么将粗糙知识与被量化后的主观知识,包括具体的经验、常识、本能、情境知识和用户偏好相结合而产生智能知识的过程就叫作二次挖掘。从一次挖掘到二次挖掘是由量到质的飞跃。

由于大数据所具有的半结构化和非结构化特点,基于大数据的数据挖掘所产生的结构化的粗糙知识(潜在模式)也伴有一些新的特征。这些结构化的粗糙知识可以被主观知识加工处理并转化,生成半结构化和非结构化的智能知识。寻求智能知识反映了大数据研究的核心价值。

2. 大数据复杂性与系统建模

大数据复杂性、不确定性特征描述的方法及大数据的系统建模这一问题的突破是实现大数据知识发现的前提和关键。从长远角度来看,大数据的个体线杂性和随机性所带来的挑战将促使大数据数学结构的形成,从而导致大数据统一理论的完备。从近期来看,应该规定一种一般性的结构化数据和半结构化、非结构化数据之间的转化原则,以支持大数据的交叉工业应用。管理科学,尤其是基于最优化的理论将在发展大数据知识的一般性方法和规律性中发挥重要的作用。

现实世界中的大数据处理问题复杂多样,难以有一种单一的计算模式能涵盖所有不同的大数据计算需求。研究和实际应用中发现,MapReduce 主要适合于进行大数据离线批处理方式,不适应面向低延迟、具有复杂数据关系和复杂计算的大数据处理;Storm 平台适合于在线流式大数据处理。

大数据的复杂形式导致许多与粗糙知识的度量和评估相关的研究问题。已知的最优化、数据包络分析、期望理论、管理科学中的效用理论可以被应用到研究如何将主观知识破入数据挖掘产生的粗糙知识的二次挖掘过程中,人机交互将起到至关重要的作用。

3. 大数据异构性与决策异构性

由于大数据本身的冗杂性,致使传统的数据挖掘理论和技术已不适应大数据知识发现。在大数据环境下,管理决策面临着两个异构性问题,即数据异构性和决策异构性。决策结构的变化要求人们去探讨如何为支持更高层次的决策而去做二次挖掘。无论大数据带来了何种数据异构性,大数据中的粗糙知识仍可被看作一次挖掘的范畴。通过寻找二次挖掘产生的智能知识来作为数据异构性和决策异构性之间的连接桥梁。

寻找大数据的科学模式将带来对大数据研究的一般性方法的探究,如果能够找到将非结构化、半结构化数据转化成结构化数据的方法,已知的数据挖掘方法将成为大数据挖掘的工具。

(二)大数据的关键技术

针对上述的大数据关键问题,大数据的关键技术主要包括流处理、并行化、摘要索引和可视化。

1. 流处理

随着业务流程的复杂化，大数据趋势日益明显。流式数据处理技术已成为重要的处理技术。应用流式数据处理技术可以完成实时处理，能够处理随时发生的数据流的架构。

例如，计算一组数据的平均值，可以使用传统的方法实现。对于移动数据平均值的计算，不论是到达、增长还是一个又一个的单元，需要更高效的算法。但是想创建的是一个数据流统计集，就需要对此逐步添加或移除数据块，进行移动平均计算。

2. 并行化

小数据的情形类似于桌面环境，磁盘存储能力为 1 GB~10 GB，中数据的数据量为 10 GB~1 TB，大数据分布式地存储在多台机器上，包含 1 TB 到多个 PB 的数据。如果在分布式数据环境中工作，并且需要在很短的时间内处理数据，这就需要分布式处理。

3. 摘要索引

摘要索引是一个对数据创建预计算摘要，以加速查询运行的过程。摘要索引的问题是必须为要执行的查询做好计划，数据飞速增长，对摘要索引的要求永远不会停止。不论是基于长期还是短期考虑，必须对摘要索引的制定有一个确定的策略。

4. 可视化

数据可视化包括科学可视化和信息可视化。可视化工具是实现可视化的重要基础，可视化工具包括两大类。

①探索性可视化描述工具可以帮助决策者和分析者挖掘不同数据之间的联系，这是一种可视化的洞察力。类似的工具有 Tableau、TIBCO 和 QlikView 等。

②叙事可视化工具可以独特的方式探索数据。例如，如果需要以可视化的方式在一个时间序列中按照地域查看一个企业的销售业绩，可视化格式将被预先创建。数据将按照地域逐月展示，并根据预定义的公式排序。

第六节　大数据基本分析

大数据分析离不开数据质量和数据管理，高质量的数据和有效的数据管理是大数据分析的基础。大数据基本分析方法可考虑以下几种：

1. 数据质量和数据管理

数据质量和数据管理是大数据分析的一个前提，通过标准化的流程和工具对数据进行处理，可以保证一个预先定义好的高质量的分析结果。

2. 离线与在线数据分析

尽管数据的尺寸非常庞大，但从实效性来看，大数据分析和处理通常分为离线数据分析和在线数据分析。

（1）离线数据分析。离线数据分析用于较复杂和耗时的数据分析和处理。由于大数据的数据量已经远远超出当今单个计算机的存储和处理能力，当前的离线数据分析通常构建在云计算平台之上，如开源 Hadoop 的 HDFS 文件系统和 MapReduce 运算框架。

（2）在线数据分析。在线数据分析（OLAP，也称联机分析处理）用来处理用户的在线请求，它对响应时间的要求比较高（通常不超过若干秒）。

许多在线数据分析系统构建在以关系数据库为核心的数据仓库之上，一些在线数据分析系统构建在云计算平台之上的 NoSQL 系统，例如 Hadoop 的 HBase。

3. 语义引擎

由于非结构化数据的多样性带来了大数据分析新的挑战，人们需要一系列的工具去解析、提取及分析数据。语义引擎需要被设计成能够从"文档"中智能提取信息。

4. 可视化分析

大数据分析的使用者有大数据分析专家，同时还有普通用户。二者对于大数据分析最基本的要求就是可视化分析，因为可视化分析能够直观地表现出大数据特点，同时，能够非常容易地被读者所接受。

5. 数据挖掘算法

大数据分析的理论核心就是数据挖掘算法，各种数据挖掘算法基于不同的数据类型和格式才能更加科学地呈现出数据本身具备的特点。同时，也是因为有这些数据挖掘的算法才能更快速地处理大数据。

6. 预测性分析

大数据分析最重要的应用领域之一就是预测性分析，从大数据中挖掘出数据特征，通过科学建立模型，之后便可以向模型代入新的数据，从而预测未来的数据。

第二章 大数据的生命周期

数据本身存在着从产生到消亡的生命周期，在数据的生命周期中，数据的价值会随着时间的变化而发生变化，数据的被采集粒度与时效性、存储方式、整合状况、呈现和展示的可视化程度、分析的深度，以及和应用衔接的程度，都会对于数据的价值的体现产生影响。大数据的治理需要结合大数据生命周期的各阶段的特点，采取不同的管理和控制手段。

本章主要介绍大数据的生命周期及各阶段的内容和实践。主要包括企业如何使用"正序"和"倒序"两种方法确定大数据范围；不同阶段和策略的大数据采集规范、时效，以及采集过程中的安全与隐私；不同热度的数据存储、备份策略；大数据的批量数据整合、实时数据整合、主数据管理；大数据的可视化、可见性的权限、展示与发布流程管理；大数据分析与应用，大数据归档与销毁等方面的实践。与传统数据生命周期出发点不同，大数据生命周期实践中，主要关注的是如何在成本可控的情况下，有效地使大数据产生更多的价值。

第一节 大数据生命周期概述

一、概述

大数据的生命周期是指某个集合的大数据从产生、获取到销毁的过程。企业在大数据战略的基础上，定义大数据范围，确定大数据采集、存储、整合、呈现与使用、分析与应用、归档与销毁的流程，并根据数据和应用的状况，对该流程进行持续优化。

大数据的生命周期管理与传统数据的生命周期管理虽然在流程上比较相似，但因出发点不同，导致两者依然存在较大的差别。节省存储成本是传统数据生命周期管理重要的考量之一，注重的是数据的存储、备份、归档、销毁，考虑的是如何在节省成本的基础上，保存有用的数据。目前，数据获得和存储的成本已经大大降低。大数据生命周期管理是以数据的价值为导向，对于不同价值的数据，采取不同类型的采集、存储、分析与使用策略。

大数据的生命周期管理基于大数据的规划。大数据的规划从方法论的角度来讲，与传统的 IT 规划并无区别。首先，应以企业的战略和目标作为输入，并参照行业最佳实践，形成大数据的整体战略目标；其次，围绕着大数据的整体战略目标，结合企业数据现状形成差距分析；再次，确定大数据各生命周期的策略，以及大数据建设的策略；最后，形成大数据生命周期管理方案，以及各大数据系统与应用建设的具体解决方案。

根据企业的大数据战略，在大数据规划中需要明确以下内容：

（1）明确大数据在企业战略中的定位。从"企业的数字化"到"数字化企业"，大数据在企业的战略中有越来越高的定位。所谓数字化企业，是指那些由于使用数字技术，改变并极大地拓宽了自己战略选择的企业。在真正的数字化企业中，上至宏观战略决策，下到具体业务操作，都必须采用数字化管理方法和手段。如果没有量化的数字，战略决策就没有依据，业务革新就没有方向。

（2）企业大数据获取策略明确企业的大数据来源。有些企业的数据主要来源是内部，有些是外部，有些则以运营大数据为生。对于与外部存在数据交互的企业，需要明确企业在大数据市场上的定位。

（3）企业大数据整合策略根据应用的需求，明确企业数据整合的策略。确定哪些数据需要实时化整合，哪些数据需要进行批量整合，数据通过哪些枢纽性对象形成关联，数据整合与企业价值链的关系等方面。

（4）企业大数据应用策略明确大数据应用的具体应用方向。企业应该建立大数据应用地图，并明确地图上各项应用的优先级，确保有限的资源能够快速转化为价值。

（5）企业大数据产品与服务规划大数据如何为企业的决策、运营、营销提供服务，如何为外部客户提供服务。一般来讲，企业需要对大数据产品与服务进行整体规划。

（6）企业大数据IT建设规划如何通过IT的建设，为大数据的应用与产品提供有效的技术平台，通过何种技术快速处理大数据，有效分析大数据。

上述所明确的定位、策略和规划，将作为企业大数据生命周期标准流程的输入。

二、大数据范围确定

在进行大数据生命周期管理之前，首先要对大数据范围进行定义。大数据范围的定义分为"正序"和"倒序"两个方向。

正序的大数据范围，以大数据的规划为输入，以满足企业或组织的战略与业务目标为导向，为实现大数据的战略，定义需要采集的数据的范围，数据的整合与存储策略，数据的分析与应用方向，数据的展示与发布形式等。

倒序的大数据范围，以数据现状梳理为输入，明确企业或组织内有哪些数据来源，有哪些数据的采集方式，可以从外部采集到哪些数据，数据的容量是多少。以此为出发点，规划各类数据的采集方式、存储方式和应用方式。

企业或组织应结合正序和倒序方式，正序方式可用于必要性分析，倒序方式可用于可行性分析。正序和倒序的结果进行差异分析后，就能够进一步地明确企业的大数据生命周期管理和大数据实施的事项。

第二节 大数据的采集

一、大数据采集的范围

为满足企业或组织不同层次的管理与应用的需求，我们将数据采集分为三个层次。

第一层次，业务电子化。为满足业务电子化的需求，实现业务流程的信息化记录。在本阶段中，主要实现对于手工单证的电子化存储，并实现流程的电子化，确保业务的过程被真实记录。本层次数据采集的关注重点是数据的真实性，即数据质量。

第二层次，管理数据化。为满足企业管理的信息需求，实现对企业和相关方信息的全面采集和整合。在业务电子化的过程中，企业逐步学会了通过数据统计分析来对企业的经营和业务进行管理。因此，对数据的需求不仅仅满足于记录和流程的电子化，还要求对企业内部信息、企业客户信息、企业供应链上下游信息实现全面的采集，并通过数据集市、数据仓库等平台的建立，实现数据的整合，建立基于数据的企业管理视图。本层次数据采集的关注重点是数据的全面性。

第三层次，数据化企业。在大数据时代，数据化的企业从数据中发现和创造价值，数据已经成为企业的生产力。在这一阶段，企业的数据采集向广度和深度两个方向发展。在广度方面，企业不仅仅需要采集内部数据，也需要采集外部数据，数据的范围不仅包括传统的结构化数据，也包括文本、图片、视频、声音、物联网等非结构化数据。在深度方面，企业不仅对每个流程的执行结果进行采集，也对流程中每个节点执行的过程信息进行采集。本层次数据采集的关注重点是数据的价值。

以保险的车险理赔业务为例。在第一层次，保险公司关注的是报案信息录入、案件查勘、定损信息录入、核赔流程电子化、理算电子化。在第二层次，保险公司对理赔流程的信息采集更为全面，在业务的每个过程中，尽可能多地采集客户信息、案件信息（包括案件对方的信息），查勘、定损的情况，如果是由第三方进行定损，则会尽量采集第三方定损人员的信息，在此基础上进行统计和分析，满足对于客户管理、第三方管理、成本管理等方面的要求。在第三层次，保险公司不仅要采集理赔过程中的信息，也会通过外部数据采集，了解客户的信用状况、性格特征，了解到客户对保险公司理赔服务的反馈信息，通过采集车联网数据，了解客户的驾驶特征。同时，在业务环节中，采集报案电话语音、查勘过程的图片与视频，更全面地了解案件情况。对理赔流程的每个节点，每一次与客户接触的过程、时间、地点、事件等进行采集，支持后续基于分析进行业务流程的优化。

大数据时代的数据采集，除了采集传统的结构化数据外，还需关注以下类型的数据采集：

（1）业务或管理系统的日志采集。

（2）文本数据和文档数据的采集（包括邮件数据）。

（3）语音数据的采集。

（4）图片数据的采集。

（5）视频数据的采集。

（6）机器产生数据的采集，包括机械、电子设备的采集，如车联网数据。

（7）生活数据采集，如可穿戴设备采集、家用电器数据采集。

（8）用户上网行为采集。

（9）人和物的地理信息和流动信息采集。

二、大数据采集的策略

大数据采集的扩展，意味着企业 IT 成本和投入资源的增加。因此，需要结合企业本身的战略和业务目标，制定大数据的采集策略，企业大数据的采集策略一般有两个方向。

第一个方向，尽量多地采集数据，并整合到统一平台中。该策略认为，任何只要与企业相关的数据，尽量采集并集中到大数据平台中。该策略的实施一般需要两个条件：首先，需要较大的成本投入，内部数据的采集、外部数据的获取都需要较大的成本投入，同时将数据存储和整合到数据平台上，也需要较大的 IT 基础设施投入；其次，需要有较强的数据专家团队，能够快速地甄别数据并发现数据的价值，如果无法从数据中发现价值，较大的投入无法快速得到回报，就无法持续。

第二个方向，以业务需求为导向的数据采集策略。当业务或管理提出数据需求时，再进行数据采集并整合到数据平台。该策略能够有效避免第一种策略投入过大的问题，但是完全以需求为导向的数据采集，往往无法从数据中发现"惊喜"，在目标既定的情况下，数据的采集、分析都容易出现思维限制的问题。

对于完全数字化的企业，如互联网企业，建议采用第一种大数据采集策略。对于目前尚处于数字化过程中、资金较紧、数据能力成熟度较低的企业，建议采用第二种大数据采集策略。

三、大数据采集的规范

为了满足企业战略的要求，哪些数据需要被采集，将会预先定义，对于预定义的数据采集，如果能够制定相应的大数据采集规范，并在各数据采集点实施这些规范，将会有效提升数据采集的质量和全面性。

企业可以根据不同类型的数据，或者不同应用的目的，建立不同的数据采集规范。数据采集规范应包含以下的内容：

（1）规范制定的目的——明确本规范的适用方面和业务目的。

（2）规范适用的范围——明确哪些数据采集点、哪些系统需要实现符合本规范的数据采集功能。

（3）数据采集的内容——明确哪些数据应被采集，采集的数据应该符合什么格式。

（4）数据质量的标准——明确采集的数据应该遵循的标准。

（5）数据采集的方法——明确对于不同的数据，应该采用何种方式进行采集，采集后应该通过何种方式传送到数据平台。

四、大数据采集的安全与隐私

数据采集的安全和隐私涉及三个方面的问题。

（一）数据采集过程中的客户与用户隐私

大数据时代的数据采集，更多地涉及客户与用户的隐私。传统的数据采集，主要是在业务过程中采集客户与用户的自然属性和社会属性信息，以及与企业发生关系的业务信息。大数据时代中，客户的地点信息、行为轨迹（线上、线下）、生理特征（穿戴设备）、形象、声音等信息都会得到采集。关于大数据与隐私的问题，已经在本书有关章节中进行了讨论，这里不做详细说明。从企业应用的角度，为降低法律风险，在大数据采集的过程中，如果涉及客户和用户隐私的采集，应注意以下四个方面：

（1）告知客户和用户的哪些信息被采集，并要求客户进行信息确认。

（2）客户和用户信息的采集应用于为客户提供更好的产品与服务。

（3）向客户和用户明确所采集的信息不会提供给第三方（法律要求的除外）。

（4）向客户和用户明确他们在企业平台上发布的公开信息，如言论、照片、视频等，不在隐私保护的范围之内。如果发布的内容涉及版权问题，需自行维权。

（二）数据采集过程中的权限

企业通过客户接触类系统和业务流程类系统采集的数据，为了应用于企业级的管理决策，一般会传送到数据类平台进行处理（如数据仓库、数据集市、大数据平台等）。这个过程也是数据采集过程的一部分。在此过程中，存在数据权限问题。

在 IT 治理达到一定水平的企业，每个 IT 系统都有业务归属部门，IT 系统的数据虽然属于整个行业，可以共享，但业务归属部门对这些数据具有管辖权。对较为关键的系统，企业往往会制定相应的管理办法，从该类系统中获取数据，需要经过相应流程的审批。其中包括归属业务部门审批。在建设企业级数据平台的过程中，上述治理结构会对数据平台的数据采集带来一些负面影响。每个数据源系统的数据接入，以及接入数据的变更，都需要通过对应业务部门的审批，这将大大提升系统建设的沟通成本。

针对该种情况，在数据平台类的项目启动之前，项目组应通过正式的方式获得授权。明确除用户密码等具有较高保密级别的数据外，所有系统的数据都应向数据平台开放。获得授权的方式可以是制定高级别的管理制度，也可以是获得企业高层的正式书面授权。

（三）数据采集过程中的安全管理

企业应为数据采集制定相应的安全标准。数据采集类系统需要根据采集数据的安全级别，实现相应级别的安全保护。在数据采集的过程中，必须确保被采集的数据不会被窃取和篡改。在数据从源系统采集到数据平台的过程中，也需要确保数据不被窃取和篡改。

五、数据采集的时效

数据采集的时效越快，其产生的数据价值就越大。从管理者的角度看，如果通过数据能实时地了解到企业经营情况，就能够及时地做出决策；从业务的角度看，如果能够实时地了解客户的动态，就能够更有效地为客户提供合适的产品和服务，提高客户满意度；从风险管理的角度看，如果能够通过数据及时发现风险，企业就能够有效避免一定的风险和损失。

从技术发展的角度来看，随着目前大数据流式计算技术的日渐成熟，所有数据都进行实时化采集已经成为可能。但在实际应用的过程中，建议企业充分考虑数据实时化采集的成本。数据被实时化采集并传送到数据平台，对于 IT 系统会带来较大的压力，从而提升 IT 成本，因此哪些数据需要实时化采集，哪些数据可以批量采集，需要根据业务目标来划分优先级。

六、非结构化数据的采集

在传统的数据采集中，考虑得较多的是结构化数据的采集，而现在对于非结构化数据（如文档、邮件、网站、社交媒体、图片、音频和视频信息）的采集已成为当务之急。采集非结构化数据一般需要获取非结构化之中的有效信息。

传统的处理非结构化数据的方式，是为非结构化数据打上标签。例如，图像信息在存储过程中，与相应的客户、业务、时间、场景描述等环境信息（元数据）结合起来，在为这些元数据建立索引之后，就可以实现图像检索。随着技术的发展，可以直接从非结构化数据中提取出相应的信息。例如，人脸识别技术可以直接将人脸和人对应起来；音频转换技术，不但可以将语音转化为文本，还可以识别语音中的情绪信息；文本识别技术，可以获取文本中的关键字，给文本加上索引标签。

不管是传统的人工加标签，还是通过新技术自动加标签，对于非结构化数据的处理，最重要的就是能够将非结构化数据与客户、业务、雇员、产品等信息进行关联，从而通过索引、分析等技术，发挥非结构化数据的价值。

七、大数据的清理

大数据清理的目的主要有两个：一是无关数据的清理，二是低质量数据的清理。通俗地讲，就是清理垃圾数据。大数据环境下的数据清理，与传统的数据清理有所区别。对传统数据而言，数据质量是一个很重要的特性，但对于大数据，数据可用性变得更为重要。传统意义的垃圾数据，也可以"变废为宝"。

对于不同的可用性数据，应建立不同的数据质量标准，应用于财务统计的数据和应用于分析的数据，在质量方面，标准上应有所不同。有些用途必须严格禁止垃圾数据进入；有些用途的数据需要讲求数据的全面性，但对质量的要求不是那么高；有些用途，如审计与风险，甚至需要专门关注垃圾数据，从一些不符合逻辑的数据中发现问题。

因此，在大数据应用中不建议直接清理垃圾数据，而是将数据质量进行分级。不同质量等级的数据满足不同层次的应用需求。

第三节　大数据的存储

一、数据的热度（热数据、温数据与冷数据）

大数据时代，意味着数据的容量在急剧扩大，这对于数据存储和处理的成本带来了很大的挑战。采用传统的统一技术来存储和处理所有数据的方法将不再适用，而应针对不同热度的数据采用不同的技术进行处理，以优化存储和处理成本并提升可用性。

所谓数据的热度，即根据数据的价值、使用频次、使用方式的不同，将数据划分为热数据、温数据和冷数据。热数据一般指价值密度较高、使用频次较高、支持实时化查询和展现的数据；冷数据一般指价值密度较低，使用频次较低，用于数据筛选、检索的数据；而温数据介于两者之间，主要用于进行数据分析。不同热度数据的区分见表 2-1 所示。

表 2-1　数据的热度区分表

分类	热数据	温数据	冷数据
数据价值密度	高	中	低
数据使用频度	高	中	低
数据使用方式	静态报表或查询	数据分析	数据筛选、检索
数据使用目的	基于数据进行决策	分析有意义的数据	寻找有意义的数据和数据的意义
数据存储	低	中	高
数据使用工具	可视化展现工具	可视化分析工具	编程语言和技术工具
数据使用者	决策者、管理者	业务分析者	数据专家

二、不同热度数据的存储与备份要求

不同热度的数据，应采用不同的存储和备份策略。

冷数据，一般包含企业所有的结构化和非结构化数据，它的价值密度较低，存储容量较大，使用频次较低，一般采用低成本、低并发访问的存储技术，并要求能够支持存储容量的快速和横向扩展。一些拥有海量数据的企业，国外如脸书（Facebook）、谷歌（Google），国内如阿里、腾讯等企业，一般都会和硬件厂商一起研发低成本的存储硬件，用于存储冷数据。

温数据，一般包含企业的结构化数据和将非结构化数据进行结构化处理后的数据，存储容量偏大，使用频次中等，一般用于业务分析。由于涉及业务分析，所以会涉及数据之间的关联计算，对计算性能和图形化展示性能的要求较高。但该类数据一般为可再生的数据（通过其他数据组合或计算后生成的数据），对于数据获取失效性和备份要求不高。

热数据，一般包含经过处理后的高价值数据，用于支持企业的各层级决策，访问频次较高，要求较强的稳定性，需要一定的实时性。数据的存储要求能够支持高并发、低延时访问，并能确保其稳定性和高可靠性。

对于热数据，一般要求采用支持高性能、高并发的平台，并通过高可用技术，实现高可靠性。对于温数据，建议采用较为可靠的，支持高性能计算的技术（如内存计算），以及支持可视化分析工具的平台。对于冷数据，建议采用低成本、低并发、大容量、可扩展的技术。

大数据是否需要备份，是目前企业应用中争论得较多的一个问题。大数据的数据量带来较高的备份成本，大数据本身的价值密度也为是否值得备份带来了疑问。可喜的是，目前的大数据技术都自带了备份方案，如 Hadoop 平台可以配置实现每份数据的 3 个备份。MPP 技术一般也都考虑了平台内的自备份功能。

对于冷数据和温数据，不需要额外备份。冷数据一般采用自身平台的备份功能，在平台内备份。温数据除了平台自身的备份功能外，还可以通过冷数据进行再生。但对于热数据，建议采用与其他生产类系统类似的备份方案。

三、基于云的大数据存储

云计算提供可用的、便捷的、按需的网络访问，接入可配置的计算资源池（服务器、存储、应用软件、平台）。这些资源能够快速提供？只需要投入很少的管理工作量。云分为公有云和私有云。针对大数据的规模巨大、类型多样、生成和处理速度极快等特征，云计算对于大数据来讲，是一个非常好的解决方案。但使用云计算进行大数据的存储与整合的时候，必须考虑以下几点：

（一）安全性

由于数据是企业的重要资产，因此不管采用何种技术，都必须确保数据的安全性。在使用公有云的情况下，企业必须考虑自己的数据是否会被另一个运行于同样公有云中的组织或者个人未经允许访问，从而造成数据泄露；在使用私有云的情况下，同样需要考虑私有云的安全性，在隔绝入侵者的同时，也需要考虑内部的安全性，确保私有云上未经授权的用户不能访问数据。

另外，数据是否可以放在云上，尤其是公有云上，也会受到法律法规的限制。某些行业（如金融行业）的数据保密要求较高，国家和主管机构会有相应的法律、法规和安全规范，对于数据的存储进行限制。

（二）时效性

数据存储在云上的时效性有可能低于本地存储。原因包括：物理设施的速度更慢，数据穿越云安全层的时效较差，网络传输的时效较慢。

对于时效性要求较高，或者数据量特别大的企业来讲，上述两个限制条件可能是实质性的，而且会带来高昂的网络费用。

（三）可靠性

配置云上的基础设施一般是较为廉价的通用设备，因此发生故障的概率也较企业的专用设备高，一般企业对于关键数据都有相应的高可用方案、备份方案和灾备方案。

为保证云上数据的可靠性，云平台必须通过冗余的方式来确保数据不会丢失。数据越关键，配置的副本数量就会越多，需要租用的成本也会越高。同时，多个副本也会带来一些安全问题。当企业弃用云服务时，如何确保数据的所有副本都被删除，也是企业在启用云服务之前必须考虑的问题。

在当前阶段，对于企业的冷数据和温数据，可以适当考虑使用公有云服务。对于企业的热数据，应采用自有的数据中心或者私有云服务。

第四节 大数据的整合

一、批量数据的整合

传统的数据整合一般采用 ETL 方式，即抽取（Elect）、转换（Transfer）、加载（Load），随着数据量的加大，以及数据平台自身数据处理技术的发展，目前较为通用的方式为 ELT 模式，即抽取、加载、转换。

（一）数据抽取

业务类系统或流程类系统负责数据的采集，但哪些数据需要整合到数据平台，则需要根据数据应用的需求进行定义。在进行数据抽取和加载之前，需要定义数据源系统与数据平台之间的接口，形成数据平台的接入模型文档。

在进行抽取数据的调研时，也会涉及授权问题，源系统的数据结构，以及每张表、每个字段的业务含义的明确，样本数据的采集，都需要得到相应系统的所属部门的授权。在进行数据抽取之前，需要有最后的授权。

源系统的数据分析是数据整合前最为关键和重要的一步。需要确认源系统中的数据结构、数据含义，与文档及业务人员理解的是否一致，是否存在偏差。同时，也需要对源系统数据的数据质量进行分析，了解数据质量状况，并出具数据质量分析报告。通过上述两种分析，能够识别出数据现状与业务期望之间的差别，该差别应反馈给需求提出方，需求提出方应根据数据的现状，调整需求和业务期望。

从源系统中抽取数据一般分为两种模式：抽取模式和供数模式。从技术实现角度来讲，抽取模式是较优的，即由数据平台通过一定的工具来抽取源系统的数据。但是从项目角度来讲，建议采用源系统供数模式，因为抽取数据对源系统的影响，如果都由数据平台项目来负责，有可能导致以下后果：源系统出现的任何性能问题都可以推诿到数据平台抽取工作上；源系统发生数据结构变更后不通知数据平台项目，导致抽取出错；源系统不对数据质量负责，要求数据平台项目负责。上述的三种情况会对数据平台项目带来重大的风险，最终导致数据平台项目失败。

（二）数据加载

传统的数据平台建设（如数据仓库建设）在完成数据抽取后，一般由 ETL 进行数据转换，即将源数据结构模型转换为数据平台的数据结构模型。大数据并行技术出现后，数据库的计算能力大大加强，一般都采用先加载后转换的方式。

在数据加载过程中，应该对源数据和目标数据进行数据比对，以确保抽取加载过程中的数据一致性，同时设置一些基本的数据校验规则，对于不符合数据校验规则的数据，应该退回源系统，由源系统修正后重新供给。通过这样的方式，能够有效地保证加载后的数据质量。在完成数据加载后，系统能够自动生成数据加载报告，报告本次加载的情况，并说明加载过程中的源系统的数据质量问题。

在数据加载的过程中，还需要注意数据版本管理。传统的数据仓库类平台需要保留不同时间点的历史数据，一般采用时间戳方式。大数据类应用，也建议采用这种方式。目前，大数据类平台（如 Hbase）在数据库结构中自带版本管理功能，如果得到有效的利用，将大大地减少开发工作量，并提升系统的效率。

（三）数据转换

数据转换分为四种类型：简单映射、数据转换、计算补齐、规范化。

简单映射，是在源和目标系统之间一致地定义和格式化每个字段，只需在源和目标之间进行映射，就能把源系统的特定字段复制到目标表的特定字段。

数据转换，即将源系统的值转换为目标系统中的值。最典型的案例就是代码值转换，例如，源系统中直接以"男""女"来表示性别，在目标系统中采用"1"和"0"来表示，这就需要字段转换。

计算补齐，在源数据丢失或者缺失的情况下，通过其他数据的计算，经过某种业务规则或者数据质量规则的公式，推算出缺失的值，进行数据的补齐工作。

规范化，当数据平台从多个数据系统中采集数据的时候，会涉及多个系统的数据，不同系统对于数据会有不同的定义，需要将这些数据的定义整合到统一的定义之下，遵照统一的规范。

（四）数据整合

在数据整合到数据平台之后，需要根据应用目标进行数据的整合，将数据关联起来并提供统一的服务。

传统的数据仓库是将数据整合为不同的数据域。针对不同的数据域，建立起实体表和维表，基于这些实体表和维表，为不同的应用提供多维的分析服务。

为支持统一的指标运算，一些数据仓库也建立了统一计算层，对于基于数据仓库上的各类指标进行统一计算，并提供给各集市进行展示。

为支持数据分析与挖掘应用，一些数据仓库生成面向客户、面向产品、面向员工的宽表，用于应行数据挖掘工作。

在大数据时代，上述数据整合方式仍然适用。通过不同的方式将数据关联起来，通过数据的整合为数据统计、分析和挖掘提供服务。

二、实时数据的整合

大数据的一个重要特点就是速度。大数据时代，数据的应用者对于数据的时效性也提出了新的要求，企业的管理者希望能够实时地通过数据看到企业的经营状况；销售人员希望能够实时地了解客户的动态，从而发现商机做到快速跟进；电子商务网站也需要能够快速地识别客户在网上的行为，实时地做出产品的推荐。

处理实时数据的整合比批量处理要复杂一些，一些基本的步骤，如抽取、加载、转换等依然存在，它们以一种实时的方式进行数据的处理。

（一）实时数据的抽取

在实时数据抽取的过程中，需要注意一点，就是必须实现业务处理和数据抽取的耦合。业务系统的主要职责是进行业务的处理，数据采集的过程不能影响业务处理的过程。实时数据抽取一般不采用业务过程中同步将数据发送到数据平台的方式，因为一旦采用同步发送失败或超时，就会影响到业务系统本身的性能。建议采用下述两种方式：

（1）定时的小批量的面向数据采集。通过数据抽取程序，定时小批量地从业务系统数据库中采集增量的数据，并发送到数据平台。采用这种方式时，建议采集频次可调节，在业务系统业务压力较大的情况下，可以放宽频次进行采集，以减少业务系统的压力。

（2）实时业务的异步数据发送。在实时业务完成后，通过异步交易的方式，将业务数据传送到数据平台，实现数据的实时采集。因为采用异步的方式，所以对源系统不会形成压力。

（二）实时数据的加载

在实时数据加载过程中，需要对数据完整性和质量进行检查。对于不符合条件的数据，需要记录在差异表中，最终将差异数据反馈给源系统，进行数据核对。

实时数据加载一般采用的是流式计算技术，快速地将小数据量、高频次的数据加载到数据平台上。

（三）实时数据的转换

实时数据转换与实时加载程序一般为并行的程序，对于实时加载完的数据，通过轮询或者触发的方式，进行数据转换处理。

（四）实时数据的整合

实时数据整合主要是根据实时的数据，进行数据的累计和指标的计算。对于多维分析和数据挖掘应用所需的数据，建议仍然由批量计算进行处理。

三、数据整合与主数据管理

主数据是指系统间共享的数据，如客户、账户、组织机构、供应商等。主数据是企业中最具价值的数据，与交易数据、流程数据、非结构化数据相比，它更为稳定。

在数据整合过程中，需要关注以下两个方面：

（1）一切数据应尽量和主数据进行关联。数据只有关联起来才有价值，而主数据正是关联其他数据的枢纽点，对于企业来讲，一切数据只有和主数据关联起来才有意义。

（2）利用大数据来提升主数据的质量。在数据整合的过程中，既可以通过各系统采集到的数据对主数据进行补充和纠正，以提升主数据的质量；也可以通过对非结构数据的挖掘，获取有效信息，提升主数据质量。当然，各系统数据来源的可信度也需要进行识别和定义，避免低质量的数据覆盖了高质量的数据。

第五节　大数据的呈现与使用

一、数据可视化

数据可视化是大数据发展的必然趋势，大数据的不断发展，要求每个人都能够从数据中发现价值，这就必然要求每个人都能看懂数据，而且能够从不同的角度分析数据。而数据的规模越来越大，属性越来越复杂，各类庞大的数据集无法直接通过读数的方式进行理解和分析，这对数据的可视化提出了要求。

数据可视化主要旨在借助于图形化手段，清晰有效地传达与沟通信息。数据可视化利用图形、图像处理、计算机视觉及用户界面，通过表达、建模以及对立体、表面、属性及动画的显示，对数据加以可视化解释。数据可视化的基本思想就是将每一项数据作为单个图元的元素表示，大量的数据集构成数据图像，同时将数据的各个属性以多维数据的形式表示，可以从不同的维度观察数据，从而对数据进行更深入的观察与分析。

数据的可视化依赖于相应的工具，传统的数据可视化工具包括 Excel、水晶报表、JRepor 等报表工具，包括 Cognos、BO、BIEE 等多维数据分析工具，也包括 SAS、R 语言等图形展示工具。新一代的基于大数据的数据可视化工具如 Tableau、Pentaho 等，集成了报表、多维分析、数据挖掘、Adhoc 分析等多项功能，并支持图形化的展示。未来将会有更多的数据可视化产品和服务公司出现。

二、数据可见性的权限管理

数据的展示需要进行权限管理，不同的人员可见的数据不同。数据可见性的权限管理应该考虑以下五个方面：

（1）内外部可见性不同。企业对于内部和外部人员提供的数据可见性不同，对于客户或者供应商来讲，应该只能看到与自己相关的数据，以及企业允许其看到的数据，不可以看到其他客户和供应商的数据。

（2）不同层级可见性不同。企业的高层、中层和一线员工能见到的数据的范围不同，数据的可见权限需要按照不同的层级进行划分。

（3）不同部门可见性不同。不同部门可见的数据不同，一个部门如果需要看到其他部门的数据，需要获取数据所属部门的授权或者更高层的授权。

（4）不同角色的可见性不同。在同一部门中，不同的角色可见的数据不同，数据的可见性应该按照不同的角色进行授权。

（5）数据分析部门的特殊权限及安全控制。数据分析部门由于需要看到整体和细节的数据，因此需要特殊的授权。企业应该与数据分析部门人员签订保密协议，确保相关数据不会泄露给无权限的内、外部人员。同时，企业还应该从技术上保障数据分析部门人员只能在系统中进行数据分析，不能够将数据带离，从而避免数据的泄露。

三、数据展示与发布的流程管理

企业应制定统一的流程，对数据的展示和发布进行管理。需要纳入统一管理的数据包括：

（1）企业上报上级主管部门的数据。

（2）上市企业进行信息批录的数据。

（3）企业级的数据指标，尤其是 KPI 指标。

（4）企业级的数据指标口径。

企业应明确上述数据或指标的主管责任部门，所有上述数据或指标需要由主管责任部门统一发布，其他部门或人员无权进行发布。

企业内的部门级指标应向企业指标主管责任部门进行报备，并设立部门内指标管理岗位进行统一的管理。

四、数据的展示与发布

数据是现代企业的重要资产，企业拥有的各类数据的数量、范围、质量情况、指标口径、分析成果等也应该进行展示和发布。企业应该明确数据资产的主管责任部门，制定数据资产的管理办法。数据资产的主管责任部门负责对数据资产的状况进行展示和发布。

元数据管理平台是数据资产管理的重要工具，对于各类数据的状况，建议通过技术元数据和业务元数据进行记录，并进行展示。

五、数据使用管理

（一）数据使用的申请与审批

数据的使用一般分为系统内的使用和系统外的使用。系统内的使用包括通过应用软件或者工具，对数据进行统计、分析、挖掘，所有对于数据的查看和处理都在系统内进行，能够进行的操作也通过系统得到了相应的授权。系统外的使用，是指为了满足数据应用的要求，将数据提取出系统，在系统外对数据进行相关处理，这一类的数据使用需要制定相应的流程进行申请和审批。对于不同类型的数据，需要有不同的审批流程。审批流程中应该包括以下人员的审批：

（1）数据申请者。

（2）申请者主管部门负责人。

（3）数据所有权或管辖权部门负责人（如有必要，可包含管辖岗位负责人）。

（4）数据资产管理部门负责人。

（5）数据提取执行部门负责人（大部分时候与数据资产管理部门重叠）。

（二）数据使用中的安全管理

对于提取出系统进行使用的数据，在数据使用的过程中，需要注意以下事项：

（1）对于敏感数据需要进行脱敏处理。例如，客户身份识别信息、客户联系方式等信息属于敏感信息，在提取数据时应该进行脱敏处理。数据脱敏的方式可以分为直接置换，或采用不可逆的加密算法等。

（2）对于数据的保存与访问，需要遵照国家的保密法规、企业的保密规定以及企业的信息安全标准。企业应该对保密和敏感信息制定相应的标准，对该类信息的存放、访问和销毁的场所、人员、时间等进行详细的规定。

（3）对于不能脱敏但在处理过程中必须使用的真实数据，企业需要建立专用的访问环境，该环境区别于生产环境，具有可访问和操作但不能将数据带离环境的特性。

（三）数据的退回与销毁

在以下几种情况中，存在数据的退回处理：

（1）使用方发现提取的数据不能满足使用的需求，退回数据，重新进行提取。

（2）使用方对于提取的数据进行了处理，处理的数据对于源数据有价值，将处理过的数据交回，用于对源数据进行修正或补充。

（3）涉及一定密级的数据，使用完成后，按照保密流程进行数据的退回处理。

数据退回后，对于涉及密级或者敏感性的数据，应将保存在系统外的数据备份进行销毁，避免数据的泄露。对数据存放的设备，必须通过一定的技术手段将数据进行彻底的删除，确保无法复原。

第六节　大数据分析与应用

一、数据分析与应用的策略

大数据建设的目的在于分析与应用，只有进行分析与应用，才能够体现大数据的价值。企业应该从以下角度，明确大数据的分析与应用的相关策略。

（一）大数据分析与应用的方向

企业的大数据分析与应用一般可以分为两个方向：

第一个方向——业务驱动，以业务需求为导向的数据分析与应用。根据业务发展的要求提出数据分析与应用的需求，业务人员明确分析的目标，数据分析人员根据该目标进行统计、分析、数学建模等工作，形成分析结果或数学模型，技术开发人员结合业务需求和数据分析结果开发应用类软件。例如，销售部门提出精准营销的需求，要求将营销和销售的资源投向购买概率较高的客户；该业务需求提出后，业务分析人员对该需求进行分析，从而提出需要识别高响应率、高二次购买率的客户，并要求每个月提供30万的精准营销客户名单；数据分析人员根据业务分析提出的要求进行数据分析，基于客户的历史数据建立高响应率与高二次购买率的客户识别模型，IT人员根据该模型开发名单的筛选程序，定期生成名单提供给销售部门。

第二个方向——数据驱动，从数据出发，发现数据价值，推广到应用。数据分析人员对数据进行研究，发现数据间的关系，提出新发现的业务分析方向和应用方向，并提供给业务部门。典型的应用模式是：数据分析部门定期为业务部门提供相应的数据分析报告，告知在数据分析过程中发现的一些数据与业务的相关性。

在实际应用的过程中，往往两种方式相结合：数据部门在处理业务部门提出的需求中，往往会有更深一步的数据探索；而业务部门基于数据分析的结果，往往会调整分析目标，并提出进一步分析的需求。

在数据分析与应用成熟度较低的企业中，业务部门提出数据分析与应用的需求往往不能聚焦。在数据分析资源有限的情况下，数据分析部门应该优先承接与业务部门的关键绩效指标（Key Performance Indicator，KPI）直接相关的数据分析与应用需求，分析与应用的成效也应以是否提升了业务部门的 KPI 为导向。

（二）数据分析的方法论

在大数据时代，如何进行数据分析一直是一个有争论的话题。在《大数据时代》这本书中，维克托·迈尔·舍恩伯格（Viktor Mayer Schdnberger）、肯尼思·库克耶（Kenneth Cukier）比较倾向于在大数据的条件下，采用简单的统计分析找出数据之间的相关性，即能够发挥数据的价值。但在《信号与噪声》这本书中，纳特·西尔弗则指出，仅仅依据相关性，而不注重因果性，有可能得出的结论与现实南辕北辙，因为数据的噪声会干扰分析的结果。对于大数据是否浅度的分析就已足够，因果性是否真的不再重要？

站在企业应用的角度上，建议从以下角度进行考虑：

（1）数据分析的应用领域，如果数据分析的目的仅仅是应用于操作级的决策，例如某超市决定今天将哪两种商品放在同一货架上进行销售，可以仅通过大数据的浅度统计分析，找出数据间的关联性，即可以进行应用。但对于影响到企业方向的战略级决策，不仅要找到相关性，还需要找到因果性。

（2）数据本身的全面性在数据较为丰富的情况下，已经能够比较全面地反映真实，通过简单的数据分析，即可找到业务的规律和提升点。但数据如果不是很充足，就应该采用传统的数据分析与建模方法。

（3）数据分析的进展程度在简单分析已经投入应用，并产生成效的情况下，要进一步发掘数据的价值，就必须进行数据的深度分析。

（三）数据分析中的算法与技术应用

目前，数据分析与挖掘大部分采用通用的分析、建模工具和通用的算法。企业在数据分析与应用达到一定的成熟度后，应逐步选择行业特征和自身特征的数据分析与建模算法，或者开发新算法。

目前的数据分析与建模，大部分还是由人工算法建立和调整模型，机器学习的应用面还比较窄。人工建模的问题是建模的周期较长，模型的调整不能够及时适应实际业务的变化。在原有数据分析与建模成果已经落地并产生效用的情况下，原有模型往往已经不再适用，需要进行调整。未来机器学习技术，将部分替代人工建模，在数据建模和模型的自动调整方面发挥作用。

二、数据分析与建模

数据分析与建模，就是采用数据统计的方法，从数据中发现规律，用于描述现状和预测未来，从而指导业务和管理行为。

数据分析与建模，从应用的层次上讲，分为五个层次。

1. 静态报表

静态报表是最传统的数据分析方法，甚至在计算出现之前，已经形成了分析方法，通过编制具有指标口径的静态报表，实现对于事物状况的整体性和抽象性的描述。

2. 数据查询

数据查询即数据检索，以确定性或者模糊性的条件检索所需要的数据，查询结果可能是单条或多条记录，可以是单类对象或者是多种对象的关联。在数据库技术出现后，即可支持数据的查询。

3. 多维分析

结合商业智能的核心技术 OLAP，可以多角度、灵活动态地进行分析。多维分析由维（影响因素）和指标（衡量因素）组成。基于多维的分析技术，可以立体地看待数据，可以基于维度，对数据进行"切片"和"切块"分析。

4. 特设分析（Ad Hoc）

特设分析是针对特定的场景与对象，通过分析对象及对象的关联对象，得出关于对象的全景视图。客户立体化视图和客户关系分析是典型的特设分析。特设分析还可以用于审计和刑侦。

5. 数据挖掘

数据挖掘是指从大量的数据中，通过算法搜索隐藏在其中信息的过程，用于知识和规律的发现。

以上五个层次的数据分析，自上而下：数据量的要求越来越大，维度越来越多；对数据计算能力的要求越来越高；对使用人员的能力要求越来越高，应用的人员越来越少；对数据精度的要求越来越低；越来越少地依赖人工判断，越来越多地依赖数据判断；技术的难度越来越高。

企业应根据业务发展的需求，以及实际的技术和数据的情况，确定要实现的数据分析的层次。

三、数据应用

大数据可以通过分析结果的呈现为企业提供决策支持，也可以将分析与建模的成果转化为具体的应用集成到业务流程中，为业务直接提供数据的支持。大数据的应用一般分为两类。

（一）嵌入业务流程的数据辅助功能

在业务流程中嵌入数据的功能、嵌入的深度在不同的场景下是不同的。在某些场景下，基于数据分析与建模结果形成的业务结果，将变为具体的业务规则或推荐规则，深入地嵌入业务流程中。典型的案例就是银行的反洗钱应用，以及信用卡的防欺诈应用。通过数据分析与建模，发现洗钱或者信用卡欺诈的业务规律，并建立相应的防范规则，当符合相应规则的业务发生时，就一定会触发相应反洗钱或者防欺诈的流程。在某些场景下，嵌入的程度是较浅的，如电子商务网站的关联产品推荐，仅仅为客户提供产品推荐功能，辅助客户进行决策，并不强制要求其购买。

（二）以数据为驱动的业务场景

一些基于数据的应用离开数据分析和建模的结果，应用场景也无法发生。例如，上面提到的精准营销应用，如果没有数据分析与建模的支持，精准营销就不会发生；基于大数据的刑侦应用，如果没有基于大数据的扫描和刑侦相关的数据模型，以及大数据的特设分析应用，就无法进行；电子商务网站的比价应用，如果不能够采集各电商网站的报价数据，并通过大数据技术进行同一产品识别和价格排序，就无法实现比价功能。这些都是以数据为驱动的业务场景。

未来以数据为驱动的业务场景将越来越多，没有数据、没有数据分析能力的企业，将无法在这些场景下进行竞争。

第七节　大数据归档与销毁

一、数据归档

在大数据时代，存储成本显著降低的情况下，企业希望在技术方案的能力范围之内尽量存储更多的数据。但大数据时代同样带来了数据的急剧增长，因此数据归档仍然是数据管理必须要考虑的问题。与传统的数据备份和数据归档不同的是，大数据时代的数据归档更需要关注数据选择性恢复的功能。

在大数据的正常运行过程中，热数据到温数据、温数据到冷数据的转换可以认为是归档的过程。在这个过程中，数据根据热度的变化，从高价的设备上逐步转移到低价的设备上，其可访问性逐步降低，但仍然具有可访问性。

哪些数据需要归档，主要与监管法规的要求及企业的战略有关。传统的数据归档主要依据数据的数龄，在大数据时代，可依据数据的热度或者依据数据的价值。企业根据监管法规的要求及企业的策略，明确热数据、温数据和冷数据之间的界限，确定企业的数据归档策略，并依据该策略对数据进行归档处理。

不同的数据有不同的归档场景，制定某种数据的归档策略时，应该对数据使用的需求进行分析，根据分析的结果，结合法规、风险、策略、访问成本，以及数据价值等方面，梳理数据的归档场景。数据归档实际上也是一个 ETL 的过程，为了保证归档后数据的可访问性，在归档时需要考虑数据的存储、检索与恢复。

归档过程中，需要考虑数据压缩与格式转换的问题。在数据热度很低的情况下，从成本的角度考虑，应该对数据进行压缩。压缩可以通过手工，也可以通过一些数据库层级或者硬件层级的工具进行。数据压缩会导致访问困难，因此企业在明确哪些数据可以压缩的时候，必须有明确的策略。随着技术的发展，压缩的技术应尽量选择可选择性恢复的数据压缩方案。

目前，一个较为流行的趋势是将数据转换为一种持久的数据格式。例如，将数据转换为 XML 这种具有自描述特性的格式。

非结构化数据的归档，主要应该关注向数据注入有序的和结构化的信息，以方便数据的检索和选择性恢复。

二、数据销毁

随着存储成本的进一步降低，越来越多的企业采取了"保存全部数据"的策略。因为从业务和管理的角度，以及数据价值的角度上讲，谁也无法预料未来会使用到什么数据。但随着数据量的急剧增长，从价值成本分析的角度，存储超出业务需求的数据未必是一个好的选择。有时候一些历史数据也会导致企业的法律风险，因此数据的销毁还是很多企业应该考虑的选项。

对于数据的销毁，企业应该有严格的管理制度，建立数据销毁的审批流程，并制作严格的数据销毁检查表。只有通过检查表检查，并通过流程审批的数据，才可以被销毁。

第三章　大数据安全问题管理

大数据所具有的"4V 特征"使得传统数据的安全与隐私问题显著放大，导致大数据面临前所未有的安全、隐私与合规性的挑战。本章在分析大数据在安全、隐私、合规方面所面临的主要问题和挑战，首先描述了大数据安全方面的建模、分析和实施方法；其次介绍了大数据的安全防护方法，以及大数据分析技术给信息安全分析所带来的智能化；再次介绍了大数据隐私保护的对策和相关新技术；最后重点介绍了美国、欧盟及我国的数据合规管理状况，为大数据合规管理提供法律法规方面的依据和参考。

第一节　大数据安全和隐私问题

大数据时代，每个人都是大数据的使用者和生产者。人们一边享受着基于移动通信技术和数据服务带来的快捷、高效，同时也笼罩在"个人信息泄露无处不在，人人'裸奔'"的风险之中，近年来频繁上演的信息泄露事件更是层出不穷，引发了大数据的信任危机，对大数据发展造成了严重不利的影响。

在这个大数据几乎成为人们日常交流口头禅的时代，在这个人们饱含热情准备全力拥抱大数据的时刻，需要冷静下来对大数据的安全、隐私和合规管理进行深入的分析，以便更好地理解大数据安全和隐私问题的复杂性，从而帮助用户在个人数据保护方面做出更好的决策。企业在用户数据采集、使用、保护等方面实施改进策略，以及政府在大数据管理方面提出更好的法律法规等约束性机制。正如 Gartner 所言："大数据安全是一场必要的斗争。"

随着大数据与云计算技术的深度融合，传统的面向小型定制并以静态数据为主的防火墙和半隔离网络安全机制无法满足当前的发展要求。例如，用于异常检测的分析会产生太多的异常告警，流数据要求快速的响应时间等。

一、大数据带来的安全隐私问题

大数据应用模式导致数据所有权和使用权分离，产生了数据所有者、提供者、使用者三种角色。数据不再像传统技术时代那样在数据所有者的可控范围之内。数据是大数据应用模式中各方都共同关注的重要资产，黑客实施各种复杂攻击的目标就是盗取用户的关键数据资产，因此围绕数据安全的攻防成了大数据安全关注的焦点，同时也牵动着数据所有者、提供者、使用者等各方面的敏感神经。

人们所熟悉的信息安全问题：从计算机病毒到网络黑客，从技术性故障到有组织攻击，从个人隐私破坏到大规模数据泄露等，在大数据时代依然存在。由于大数据主要来源于大联网、大集中、大移动等信息技术的社会应用，大数据已经成为网络社会的重要战略资源。它将网络空间与现实社会联系在一起，将传统安全与非传统安全熔为一炉，将信息安全带入一个全新、复杂和综合的时代。

（一）大数据成为网络攻击的显著目标

网络技术的发展为不同领域、不同行业之间实现数据资源共享提供条件。在网络空间当中，大数据是更容易被"关注"的大目标。一方面，大数据意味着大规模的数据，也意味着更复杂、更敏感的数据，对于大数据的整合和分析可以获得一些敏感和有价值的数据，这些数据会吸引更多的潜在攻击者。另一方面，数据的大量汇集，使得黑客在将数据攻破之后以此为突破口获取更多有价值的信息，无形中降低了黑客的进攻成本，增加了"性价比"。从近几年发生的一些互联网公司用户信息泄露案中可以看出，被泄露的数据量非常庞大。

（二）对大数据的分析利用可能侵犯个人隐私

大数据时代个人是数据的来源之一，企业大量采集个人数据，并通过一套技术、方法对与个人相连的庞大数据进行整合分析，对企业而言是挖掘数据的价值；但对个人而言，却是在个人无法有效控制和不知晓的情况下，将个人的生活情况、消费习惯、身份特征等暴露在他人面前，这极大地侵犯了个人的隐私。随着企业越来越重视挖掘数据价值，通过用户数据来获取商业利益将成为趋势，侵犯个人隐私将不可避免。

（三）大数据成为高级可持续攻击的载体

高级可持续攻击（Advanced Persistent Threat，APT）的特点是攻击时间长、攻击空间广、单点隐藏能力强，大数据为入侵者实施可持续的数据分析和攻击提供了极好的隐藏环境。传统的信息安全检测是基于单个时间点进行的基于威胁特征的实时匹配检测，而APT是一个实施过程，不具有被实时检测到的明显特征，从而无法被实时检测，黑客轻易设置的任何一个攻击监测诱导，都会给安全分析和防护服务造成很大困难，或直接导致攻击监测偏离规则方向。隐藏在大数据中的APT攻击代码也很难被发现。此外，攻击者还可以利用社交网络和系统漏洞进行攻击，在威胁特征库无法检测出来的时间段发起攻击。

黑客还可以利用大数据扩大攻击效果，主要体现在以下三个方面：

（1）黑客利用大数据发起僵尸网络攻击，可能同时控制上百万台傀儡机并发起攻击，此数量级是传统单点攻击不具备的。

（2）黑客可以通过控制关键节点放大攻击效果。

（3）大数据的价值低密度特性，让安全分析工具很难聚焦于价值点，黑客可以将攻击隐藏在大数据中，给安全厂商的分析带来困难。

（四）大数据技术会被黑客利用

大数据挖掘和分析等技术能为企业带来商业价值，为个人带来生活便利，当然黑客也会利用这些大数据技术发起攻击。黑客会从社交网络、邮件、微博、电子商务中，利用大数据技术搜集企业或个人的电话、家庭住址、企业信息防护措施等信息，大数据技术使黑客的攻击更加精准。此外，大数据也为黑客发起攻击提供了更多的机会。如果黑客利用大数据发起僵尸网络攻击，就会同时控制上百万台傀儡机器并发起攻击。

大数据在遭受黑客攻击的时候，也被他们加以利用反过来进行网络攻击活动。具体来说，大数据被利用包括两个方面：第一，黑客利用大数据技术进行信息的整合和搜集活动，为发动网络攻击打下扎实的基础，而大数据自身所具有的一些精准度高、关联性强的特点反过来又会被黑客们加以应用，黑客拥有了更强劲的网络攻击能力，不断创造出更多的攻击机会，对整个网络安全运行都造成了巨大的影响。第二，大数据被利用成为攻击的载体。在传统的防护检测中，检测软件在系统设定的固定时间点对一些具有威胁特征的媒介与载体进行实时匹配式检测，而大数据的网络运营环境则使得传统的检测无法产生时效。黑客利用这一特性，藏身于大数据中，利用大数据的隐蔽性躲开检测软件的搜查。

（五）大数据存储带来新的安全问题

大数据会使数据量呈非线性增长，而复杂多样的数据集中存储在一起，多种应用的并发运行及频繁无序的使用状况，有可能会出现数据类别存放错位的情况，造成数据存储管理混乱或导致信息安全管理不合规范。同时，数据的不合理存储，也加大了事后溯源取证的难度。

另外，大数据的规模也会影响到安全控制措施能否正确的运行。面对海量的数据，常规的安全扫描手段需要耗费过多的时间，已经无法满足安全需求；安全防护手段的更新升级速度无法跟上数据量非线性增长的步伐，就会暴露大数据安全防护的漏洞。

在大数据之前，我们通常将数据存储分为关系型数据库和文件服务器两种。而当前大数据汹涌而来，数据类型各种各样。虽然主流大数据存储架构具有可扩展性和可用性等优点，利于高性能分析，但是大数据存储仍存在以下问题：一是相对于严格访问控制和隐私管理的数据库存储管理技术，目前大数据的存储模式在维护数据安全方面未设置严格的访问控制和隐私管理。二是虽然大数据存储可能会存在各种漏洞，毕竟它使用的是最近几年新出现的技术和代码，尚未经受长时间的考验。三是由于大数据存储服务器软件没有内置足够的安全性，所以客户端应用程序需要内建安全机制，这又反过来导致产生了诸如身份验证、授权过程和输入验证等大量的安全问题。据媒体报道，3 名德国学生发现全球约 4 万个 MongoDB 数据库在无任何安全保护的情况下暴露于互联网上，攻击者可以轻而易举地获得这些数据库的控制权限。

（六）大数据传播的安全问题

大数据在传播过程中引发不同的安全问题。大数据的传输需要各种网络协议，而部分专为大数据处理而新设计的传输协议仅关注于性能方面，缺乏专业的数据安全保护机制，若数据在传播过程中遭到泄露、破坏或拦截，就可能造成数据安全管理大失控、谣言大传播、隐私大泄密等问题。

（七）大数据的数据源众多，维护和保护难度加大

现有的大数据系统大多建立各自独立的后台数据管理机制，给技术防护工作带来挑战，众多分散的数据源未进行相对集中的安全域管理，需要投入大量的防护、审计设备进行保护。同时，数据源众多，原始数据、衍生数据的大量存在，也造成数据一旦泄露难以查找根源，造成的危害可能无法弥补。

（八）大数据的审计方案缺失

大数据多采用云存储、并行计算技术，数据量快速增长，对这种技术架构的访问控制、安全审计工具在国内还是空白的。在 PB 甚至是 EB 的数量级的情况下，访问控制、审计工具的吞吐量可能无法满足需求，由于数据访问量过大，造成审计日志迅速增长，现有的审计产品可能无法支持在一定时限内记录并保存日志。同时，如何将分散的数据访问行为汇总分析，在巨大的访问行为中开展审计、发现问题还需进一步研究。

（九）大数据内容的可信性可能存在问题

大数据的可信性问题分为两个方面：一是来源于人为的数据捏造，即数据的真实性无法保证；二是数据在传输过程中的逐渐失真。当有人刻意制造或者伪造数据时，大数据就显得不那么可信。我们最常接触的就是各种电商网站上刷好评来误导消费者购物的情况。新闻中也常报道这样的事情，即企业对错误的数据采取行动，然后"深受其害"。数据即使是大数据，并不一定是准确或者可信的。数据在传输过程中会逐渐失真，人工干预数据采集过程可能引入误差，由于失误而导致数据失真与偏差，最终影响数据分析结果的准确性。此外，还有可能是有效的数据已经变化，导致原有数据失去应有的作用，如客户的电话号码、地址的变更等。

二、大数据安全和隐私的技术挑战

CSA（云计算安全联盟）提出了大数据安全和隐私的技术挑战。

大数据安全和隐私的技术挑战在大数据的生态系统中可分为四个方面：基础设施安全、数据隐私、数据管理，以及完整性和反应型安全，具体如下：

（1）基础设施安全：安全计算的分布式编程框架、非关系数据储存安全性的最佳实践。

（2）数据隐私：保护隐私的数据挖掘和分析、在数据中心执行安全加密、粒度访问控制。

（3）数据管理：安全的数据存储和事务日志、粒度审计、数据溯源。

（4）完整性和反应型安全：终端输入验证 / 过滤。

三、技术挑战的建模、分析和实施

为了确保大数据系统基础设施的安全，必须确保分布式计算和数据存储的安全，保护数据本身安全；信息传播必须保护隐私，并通过使用密码和粒度访问控制保护敏感数据。

管理大量数据需要可伸缩的分布式解决方案,确保数据存储安全并实现高效的审计。最后,必须检查来自不同端点的数据流完整性,并对安全事件执行实时分析,以确保基础设施的安全。

CSA 提出了解决安全和隐私挑战通常需要解决的三个方面:

（1）建模对采用形式化方法描述威胁模型,以覆盖大部分网络攻击或数据泄露场景。

（2）分析寻找基于威胁模型的易实施的解决方案。

（3）实施基于现有基础架构实施解决方案。

第二节　大数据安全防护

大数据的安全性直接关系到大数据业务能否全面地推广,大数据安全防护的目标是保障大数据平台及其中数据的安全性,组织在积极应用大数据优势的基础上,应明确自身大数据环境所面临的安全威胁,由技术层面到管理层面应运用多种策略加强安全防护能力,提升大数据本身及其平台安全性。

CSA 针对大数据安全与隐私给出了百条最佳建议,可以为大数据的安全防护实践提供一定的指导和参考,其中前十条简述如下:

（1）通过预定的安全策略对文件的访问进行授权。

（2）通过加密手段保护大数据安全。

（3）尽量用加密系统实现安全策略。

（4）在终端使用防病毒系统和恶意软件防护系统。

（5）采用大数据分析技术检测对集群的异常访问。

（6）实现基于隐私保护的分析机制。

（7）考虑部分使用同步加密方案。

（8）实现细粒度的访问控制。

（9）提供及时的访问审计信息。

（10）提供基础设施的认证机制。

大数据技术作为 IT 领域的新兴技术,面临新的安全挑战:一方面,其安全防护需要新的管理和技术手段;另一方面,大数据技术也给安全防护技术领域带来了新方法。

一、大数据安全防护对策

大数据的安全防护要围绕大数据生命周期变化来实施,在其数据的采集、传输、存储和使用各个环节采取安全措施,提高安全防护能力。大数据安全策略,需要覆盖从大数据存储、应用和管理多个环节的数据安全控制要求。

（一）大数据存储安全对策

目前，广泛采用的大数据存储架构往往采用虚拟化海量存储技术、NoSQL 技术、数据库集群技术等来存储大数据资源，主要涉及的安全问题包括数据传输安全、数据安全隔离、数据备份恢复等。

在大数据存储安全方面的对策主要包括以下三个方面：

（1）通过加密手段保护数据安全，如采用 PGP、TrueCrypt 等程序对存储的数据进行加密，同时将加密数据和密钥分开存储和管理。

（2）通过加密手段实现数据通信安全，如采用 SSL 实现数据节点和应用程序之间通信数据的安全性。

（3）通过数据灾难备份机制，确保大数据的灾难恢复能力。

（二）大数据应用安全对策

大数据应用往往具有海量用户和跨平台特性，这在一定程度上会带来较大的风险，因此在数据使用，特别是大数据分析方面应加强授权控制，大数据应用方面的安全对策包括以下三个方面：

（1）对大数据核心业务系统和数据进行集中管理，保持数据口径一致，通过严格的字段级授权访问控制、数据加密，实现在规定范围内对大数据资源快速、便捷、准确地综合查询与统计分析，防止超范围查询数据、扩大数据知悉范围。

（2）针对部分敏感字段进行过滤处理，对敏感字段进行屏蔽，防止重要数据外泄。

（3）通过统一身份认证与细粒度的权限控制技术，对用户进行严格的访问控制，有效保证大数据应用安全。

（三）大数据管理安全对策

大数据的安全管理是实现大数据安全的核心工作，主要的安全对策包括以下几个方面：

（1）加强大数据建立和使用的审批管理。通过大数据资源规划评审，实现大数据平台建设由"面向过程"到"面向数据"的转变，从数据层面建立较为完整的大数据模型，面向不同平台的业务特点、数据特点、网络特点、建立统一的元数据管理、主数据管理机制。在数据应用上，按照"一数一源，一源多用"的原则，实现大数据管理的集中化、标准化、安全化。

（2）实现大数据的生命周期管理。依据数据的价值与应用的性质将数据划分为在线数据、近线数据、历史数据、归档数据、销毁数据等，依据数据的价值，分别制定相应的安全管理策略，有针对性地使用和保护不同级别的数据，并建立配套的管理制度，解决大数据管理策略单一所带来的安全防护措施不匹配、存储空间、性能"瓶颈"等问题。

（3）建立集中日志分析、审计机制。汇总收集数据访问操作日志和基础数据库数据手工维护操作日志，实现对大数据使用安全记录的监控和查询统计，建立数据使用安全审计规则库。依据审计规则对选定范围的日志进行审计检查，记录审计结论，输出风险日志清单，生成审计报告。实现数据使用安全的自动审计和人工审计。

（4）完善大数据的动态安全监控机制。对大数据平台的运行状态数据，如内存数据、进程等的安全监控与检测，保证计算系统健康运行。从操作系统层次看，包括内存、磁盘以及网络数据的全面监控检测。从应用层次看，包括对进程、文件以及网络连接的安全监控，建立有效的动态数据细粒度安全监控和分析机制，满足对大数据分布式可靠运行的实时监控需求。

目前，大数据安全防护还是一个比较新的课题，还有很多领域需要研究、探索和实践，但安全措施一定要与信息技术的发展同步，才能保障信息系统的高效、稳定运行，推动信息系统对数据进行科学、有效、安全的管理，提高信息管理能力，为后续建设提供良好的数据环境和有效的数据管理手段。

二、大数据安全防护关键技术

大数据安全已经成为计算机领域的热点之一，目前大数据安全防护关键技术主要包括以下若干方面：

（一）大数据加密技术

由于大数据承载了海量高价值的信息，核心数据的加密防护仍然是增强大数据安全的重心。只有加强对大数据平台中敏感关键数据的加密保护，使任何未经授权许可的用户无法解密获取到实际的数据内容，才能有效地保障数据信息安全。

大数据加密可以采用硬件加密和软件加密两种方式实现，每种方式都有各自的优缺点。传统的数据加密方法需要消耗大量的 CPU 计算时间，严重影响了大数据处理系统的性能，大数据加密一方面要保障平台的数据安全性，另一方面要能满足大数据处理效率的要求。为此，一些面向大数据加密的新型加解密技术应运而生，如采用数据文件块、数据文件、数据文件目录、数据系统的方法来实现快速的数据加解密处理等。

由 CSA 云安全联盟提出了大数据加密的技术难题。

（二）访问控制技术

大数据安全防护中的访问控制技术主要用于防止非授权访问和使用受保护的大数据资源。目前，访问控制主要分为自主访问控制和强制访问控制两大类。自主访问控制是指用户拥有绝对的权限，能够生成访问对象，并能决定哪些用户可以使用访问。强制访问控制是指系统对用户生成的对象进行统一的强制性控制，并按已制定的规则决定哪些用户可以使用访问。近几年比较热门的访问控制模型有基于对象的访问控制模型、基于任务的访问控制模型和基于角色的访问控制模型。

对于大数据平台而言，由于需要不断地接入新的用户终端、服务器、存储设备、网络设备和其他 IT 资源，当用户数量多、处理数据量巨大时，用户权限的管理任务就会变得十分沉重和烦琐，导致用户权限难以正确维护，从而降低了大数据平台的安全性和可靠性。

因此，需要进行访问权限细粒度划分，构造用户权限和数据权限的复合组合控制方式，提高对大数据中敏感数据的安全保障。

（三）安全威胁的预测分析技术

对于大数据安全防护而言，提前预警安全威胁和恶意代码是重要的安全保障技术手段。安全威胁和恶意代码预警可以通过对一系列历史数据和当前实时数据的场景关联分析实现。对大数据的安全问题进行可行性预测分析，识别潜在的安全威胁，可以达到更好地保护大数据的目的。通过预测分析的研究，结合机器学习算法，利用异常检测等新型方法技术，可以大幅提升大数据安全威胁的识别度，从而更有效地解决大数据安全问题。

（四）大数据稽核和审计技术

对大数据系统内部系统间或服务间的隐秘存储通道进行稽核，对大数据平台发送和接收信息进行审核，可以有效发现大数据平台内部的信息安全问题，从而降低大数据的信息安全风险。例如，通过系统应用日志对已发生的系统操作或应用操作的合法性进行审核，通过备份信息审核系统与应用配制信息对比审核，判断配制信息是否被篡改，从而发现系统或应用异常安全威胁。

云平台是大数据处理的一种重要支撑机制，SecCloud 提出了一种新型的审计方案——TPA，在安全云计算的基础上，充分考虑安全数据存储，采用概率采样技术及指定验证技术实现安全计算和隐私保护。TPA 是独立于云平台和用户的第三方审计工具，使用户能够对云平台的存储数据安全进行公共稽核。

（五）大数据安全漏洞发现

大数据安全漏洞主要是指大数据平台和服务程序由于设计缺陷或人为因素留下的后门和问题，安全漏洞攻击者能够在未授权的情况下利用该漏洞访问或破坏大数据平台及其数据。大数据平台安全漏洞的分析可以采用白盒测试、黑盒测试、灰盒测试、动态跟踪分析等方法。

现阶段大数据平台大多采用开源程序框架和开源程序组件，在服务程序和组件的组合过程中，可能会遗留安全漏洞或致命性的安全弱点。开源软件安全加固可以根据开源软件中不同的安全类别，使用不同的安全加固体，修复开源软件中的安全漏洞和安全威胁点。动态污点分析方法能够自动检测覆盖攻击，不需要程序源码和特殊的程序编译，在运行时执行程序二进制代码覆盖重写。

（六）基于大数据的认证技术

基于大数据的认证技术，利用大数据技术采集用户行为及设备行为的数据，并对这些数据进行分析，获得用户行为和设备行为特征，进而通过鉴别操作者行为及其设备行为来确定身份，实现认证，从而能够弥补传统认证技术中的缺陷。

基于大数据的认证使得攻击者很难模仿用户的行为特征来通过认证，因此可以做到更加安全。另外，这种认证方式也有助于降低用户的负担，不需要用户再随身携带 USBKey 等认证设备进行认证，可以更好地支持系统认证机制。

三、大数据分析技术带来安全智能

大数据时代的信息安全管理必须基于连续监测和数据分析，对态势感知要频繁到分钟时刻，并且要实现快速数据驱动的安全决策。这意味着大型机构已经进入了大数据安全分析的时代。

（一）安全管理成熟度提升面临的难题

安全感知发展阶段模型是企业战略集团（Enterprise Strategy Group ESG）在 2011 年首次提出的，ESG 认为大多数组织基于风险的安全于 2013 年初确立，但这种转变已被证明是比预料的更难，这种滞后并不是由于缺乏安全团队的努力。事实上在过去的几年里，许多首席执行官和其他非安全管理人员都更多地参与信息安全监督，并定期核准项目和增加信息安全预算。但不幸的是对于大多数组织而言，从阶段二过渡到阶段三比预计的更难，这是因为：

1. 新威胁的数量呈指数级增加

由于日复一日的网络威胁以指数级速度持续增加，首席信息安全官（CISO）最关注的是有针对性和先进的恶意攻击，如高级持续安全威胁（APT）。据 ESG 的调查，59% 的企业成为 APT 目标，而 30% 的企业容易遭受 APT 攻击。检测、分析和处置 APT 增加了额外的基于风险阶段的要求，同时迫使 CISO 大大提高对事件检测和响应的能力。

2.IT 快速变化

基于风险的安全取决于对每个部署在网络上的 IT 资产的理解程度。这种类型的理解非常困难，尤其是当前 IT 一直在推出新的举措，如服务器终端的虚拟化、云计算、移动设备支持和自带设备（BYOD）方案，更糟糕的是许多新的 IT 计划是基于不够成熟的技术，容易出现安全漏洞，可能与现有的安全策略、控制或监视工具不配合。例如，智能手机和平板电脑等移动设备，在策略实施、安全管理、发现管理敏感数据和恶意软件威胁管理上面临一系列的挑战，不断采用新的技术会将不确定性和复杂性引入安全管理中。

3. 安全技能和处理能力严重不足

根据相关统计超过半数以上的组织计划增加他们的信息安全组人员，近 25% 的组织有明显的安全技能短缺。首席信息安全官们很难解决这个问题，ESG 的调查表明，83% 的组织在招聘和雇用安全专业人员方面非常困难。整体安全技能短缺影响组织的安全事件检测响应能力，因为许多组织缺乏配备相应水平和技能的合适人员。

安全部门人手短缺，分析师缺乏合适的技能，安全分析师花过多的时间整理大量误报告警，这使得许多企业存在不能接受的风险。

（二）传统的安全监测和分析工具已逐渐成为"瓶颈"

除了技能以外，误报和手动流程也值得注意。ESG 调查表明，29% 的组织依靠太多的独立工具进行安全检测，通常增加其安全产品、购买新的基于签名的威胁管理工具、创建边界网关的新规则等提高他们安全防护能力。随着时间的推移，这种修补式的安全防护机制导致安全基础设施由许多间断的、以点为基础的事件检测响应工具构成。

战术驱动的企业 IT 安全始终效率低下，但即使这样，它还是对如通用恶意软件、垃圾邮件和业余黑客等威胁提供了相当充足的保护。不幸的是，现有的安全系统往往是外围和基于签名的，不能应对当前的潜在威胁。

（1）安全分析工具跟不上今天的数据采集和处理的需求。据 ESG 的调查，47% 的组织每月采集和处理超过 6 TB 的安全数据进行分析。此外，大多数组织采集、处理、存储和分析的安全数据比两年前的总和都多。这些趋势将继续，安全驱动的企业分析、调查和建模需要定期采集、处理和分析在线的 PB 级安全数据。传统的安全信息和事件管理（SIEM）平台往往基于现成的 SQL 数据库或专用的数据存储，而不能对海量的数据进行处理。安全分析技术的不足拖慢了事件检测 / 响应的效能，并增加 IT 风险。

（2）组织缺乏安全全景视图。安全分析工具往往对明确的威胁类型（如网络威胁、恶意软件威胁、应用层威胁等）或特定的 IT 基础设施的地点（数据中心、校园网、远程办公室、主机等）提供监测和调查功能，这迫使 CISO 通过众多的安全工具、报告和个别安全人员去拼凑一个企业的安全全景视图。这种方法很麻烦也很费力，而且不能准确地提供风险信息，也不能实现跨越网络、服务器、操作系统、应用程序、数据库、存储和分散在整个企业端点设备的事件检测响应。

（3）现有的安全分析工具过分依赖定制。人力智能企业安全分析是复杂的，需要具备专业的技能和丰富经验的信息安全人员。因为许多安全分析系统需要高级信息安全人员，他们需要不断协调和定制这些工具。然而这样的人才供不应求，因此不堪重负的安全专业人员迫切需要的是能提供更多智能而不是更多定制工作的安全工具。

（4）在大多数情况下事件响应分析没有实现自动化，今天的安全分析工具仍然独立于安全处置系统。这通常意味着如果没有安全处置自动化，就无法快速或可靠地解决安全事件。因此，在分析师检测到网络安全工程师（IS）时，他还必须手动与其他安全或 IT 操作人员协调，以修复活动和关联的工作流。这不仅增加了操作开销，也增加事件响应所需的时间。如果事件处置工作还需要包括非 IT 组织，如法律、人力资源和业务所有者，响应时间只会更长。

（三）进入大数据安全分析时代

随着网络犯罪和针对性攻击不断发展，社交工程、隐蔽性恶意软件和应用程序漏洞利用等攻击方式的能力不断提高，企业只能采取新的安全策略和防御措施。

在未来几年内，这些新的问题将会导致安全技术转型，组织将继续使用预防性的策略，如在防火墙后面部署服务器，删除不必要的服务和通用的管理员账户，利用签名扫描已知的恶意软件和修补软件漏洞，但单独使用这些防御技术是不够的。为了增强安全能力，组织将采用新的安全分析工具，执行不断监测、调查、风险管理和事件检测响应工作。鉴于安全数据采集的容量，其处理、存储和分析迅速成为一个典型的"大数据"的问题。事实上 ESG 的调查表明，44% 的企业考虑安全数据采集和分析需要大数据技术，另有 44% 企业认为在未来 24 个月内安全数据采集和分析将需要大数据。

在存储、处理和分析大数据方面的技术进步包括：

（1）近年来迅速减少存储和 CPU 电源的成本。

（2）数据中心和云计算的弹性计算实现了良好的成本效益。

（3）类似 Hadoop 的新框架允许用户通过灵活的分布式并行处理系统计算和存储海量数据。

这些进展导致了传统数据分析和大数据分析之间的一些明显差异。大数据安全分析不是大数据技术的简单合并（如事件、日志和网络流量）。大数据安全需要收集和处理许多内部和外部的安全数据源，并快速分析这些数据，以获得整个组织的实时安全态势。一旦分析了这些安全数据，下一步就是使用这种新的智能作为基线，调整安全战略、战术和系统。

大数据分析技术可用来改进信息安全和态势感知能力。例如，可以使用大数据来分析金融交易、日志文件和网络流量，以识别异常和可疑活动，并将多个来源的信息关联到一个全景视图。

（四）大数据安全分析技术变革

大数据安全分析的目的是提供一个全面和实时的 IT 活动视图，以便安全分析师和高管可以做出及时的基于数据驱动的决策。从技术角度看，这需要新的安全系统具备以下特性：

（1）大规模处理安全分析和取证引擎将需要有效地收集、处理、查询和解析 TB 至 PB 级数据，包括日志、网络数据包、威胁情报、资产信息、敏感数据、已知的漏洞、应用活动以及用户行为。这就是为什么类似 Hadoop 的大数据核心技术很适合新兴的安全分析要求。此外，大数据安全分析可能会部署在分布式体系上，因此底层技术必须能够实现大量分布式数据的分析。

（2）高级智能最好的大数据安全分析工具将成为智能顾问，利用正常行为的模型，适应新的威胁漏洞。为此，大数据安全分析将提供组合的模板、启发式扫描以及统计和行为模型、关联规则、威胁情报等。

（3）紧密集成为了适应不断变化的安全威胁，大数据安全分析必须与 IT 资产进行互操作，并利用自动化实现安全智能。除此之外，大数据安全分析还应与安全控制策略紧密集成并实现自动化。在安全分析时，来自移动设备的网络流量异常也应提供安全检测。理想情况下，安全分析系统可用于自动执行事件处置活动，以作为紧急情况下的一种主动防御形式。

一个全面实时的安全态势感知、大数据安全分析系统将成为应对风险管理和事件检测／响应的重要手段，如法规遵从性、安全调查、控制跟踪报告和安全性能指标。

（五）大数据分析的挑战

大数据安全分析的目标是获得实时的安全智能。虽然大数据分析技术有了显著的发展，但要挖掘其真正的潜力，目前还有许多必须克服的困难。以下仅仅是一些需要解决的问题：

（1）数据溯源用于分析数据的真实性和完整性。大数据可以追溯它使用的数据源，每个数据源的可信度都需要验证。

（2）隐私云计算安全联盟（CSA）与美国国家标准技术研究院（NIST）的大数据安全和隐私工作组，计划制定新的指导方针，探索减少新的技术手段，形成最佳原则白皮书，以减少由于大数据分析造成的隐私侵犯。

（3）保护大数据存储一方面是大数据存储环境的安全，另一方面是大数据本身的安全。

（4）人机交互大数据可能有助于各种数据源的分析，但相比用于高效计算和存储开发的技术机制，大数据的人机交互没有受到重视，这是个需要增强的领域。使用可视化工具帮助分析师了解他们的系统是一个良好的开端。

（六）以大数据安全分析获得安全智能

数据驱动的信息安全可以回溯到银行欺诈检测和基于异常的入侵检测系统。欺诈检测是最明显的大数据分析应用。信用卡公司几十年来一直在进行欺诈检测，然而采用专门定制的基础设施实现大数据欺诈检测是不经济的。现成的大数据工具和技术关注医疗和保险等领域的欺诈检测分析。

在入侵检测的数据分析背景下，出现了以下演化过程：

第一代：入侵检测系统。安全架构师实现了分层安全的需要，因为具有100%安全保护的系统是不可能的。

第二代：安全信息和事件管理（SIEM）。管理来自不同入侵检测传感器的警报和规则是企业配置的一个重大挑战。SIEM聚合和过滤多个来源的警报，并向信息分析师提出可操作的信息。

第三代：大数据安全分析（第二代SIEM）。大数据工具的一个重大进展是有潜力提供切实可行的安全智能，减少相关的时间、整合和背景多样化的安全事件的信息，也为取证目的提供相关的长期历史数据。分析日志、网络数据包、系统事件一直是一个重大问题，然而传统技术不能提供可以长期和大规模分析的工具，原因如下：

（1）存储和保留大量的数据在经济上不可行。因此，在一个固定的保留期之后（如60天），大多数删除事件日志和记录的其他计算机活动。

（2）在大型结构化数据集上执行分析和复杂查询的效率是很低的，因为传统的工具没有利用大数据的技术。

（3）传统的工具没有设计分析和管理非结构化数据。因此，传统的工具有刚性的定义架构，而大数据工具（如 Piglatin 脚本和正则表达式）可以查询灵活的格式中的数据。

（4）大数据系统使用集群化的计算基础设施，因此系统更加可靠和可用。

新的大数据的技术，如与 Hadoop 生态系统和流处理有关的数据库，使大型异构数据集的存储和分析以空前的规模和速度发展，这些技术将改变以下安全分析：从许多企业内部来源和外部来源（如漏洞数据库）大规模的采集数据；对数据进行深入分析；提供一个与安全相关的整合的信息全景视图；实现数据流的实时分析。

值得注意的是，即便有了大数据工具，仍然需要系统架构师和分析师们很了解他们的系统，以便适当配置大数据分析工具。

发现和应对威胁所花的时间越多，违约的风险也就越大。安全智能的主要目标是在正确的时间和适当的范围内为客户提供正确的信息，以显著减少检测和响应破坏网络威胁的所需时间。衡量一个组织的安全智能有效性的两个关键指标是平均检测时间和平均响应时间。平均检测时间（Mean Time To Detect，MTTD）是指平均花费在识别威胁，需要进一步分析和应对工作的时间；平均响应时间（Mean Time To Response，MTTR）是指平均花费在响应，并最终解决事件的时间。

（七）用于安全目的的大数据分析案例

（1）网络安全 Zions Bancorporation 在其出版的案例研究中宣布，它使用 Hadoop 集群和商业智能工具解析了比传统的 SIEM 工具更快更多的数据。在它们的传统体系，搜索一个月的数据需要 20 ~ 60 分钟；而在它们新采用的 Hadoop 和 Hive 的分布式计算平台系统运行查询，约 1 分钟就得到相同的结果。数据仓库安全驱动不仅使用户能够挖掘有意义的安全信息源，如防火墙和安全设备，还能从网站流量、业务流程和其他日常事务获得信息。将非结构化数据和多个分散的数据集合并成一个单一的分析框架，这是大数据处理的一个主要方式。

（2）企业事件分析惠普实验室成功地解决了几个大数据安全分析的挑战。首先，他们引进大型图形推理方法，确定了企业网络中由恶意软件感染的和由企业主机访问的恶意域名。具体而言，主机域名访问图构建了从大企业的事件数据集到企业的每台主机之间的边缘。然后，从一个黑名单和白名单描述了最小的真实信息，用于判别恶意主机或域名的可能性。其次，他们还对 ISP 中数亿计的 DNS 请求和响应组成的 TB 级 DNS 事件进行了分析，其目标是使用丰富的 DNS 信息来源识别僵尸网络、恶意域名和其他恶意的网络活动。

（3）网络流量监测识别僵尸网络。BotCloud 研究项目利用 MapReduce 方法分析了大量网络流量数据，确定僵尸网络感染的主机。BotCloud 依靠 BotTrack 审查主机，使用 PageRank 和分群算法的组合，跟踪僵尸网络中的指挥和控制（C&C）渠道。僵尸网络检测分为以下步骤：创建依赖图，使用 PagcRank 算法和 DBScan，从代表每个主机（IP 地址）作为节点的网络流量记录构建依赖关系图。在图形边缘的数量是影响计算复杂性的主要参数。因为得分通过边缘传播，中间 Mapreduce 键值对的数量取决于链接的数量。

（4）高级持续威胁（APT）的检测大数据分析非常适用于 APT 检测。APT 检测的挑战是：需要在大量的数据中筛选异常，同时必须审核来自不断增加的不同信息源的数据。这种大量的数据检测任务看起来像大海捞针。在大数据背景下，传统的边界检测防御系统对有针对性的攻击已经失效，因为它们无法与组织的网络规模日益扩大趋势保持同步，因此 APT 检测需要新的方法。

①蜂巢：对 APT 检测的行为分析。RSA 实验室的 APT 检测原型系统被命名为蜂巢。初步结果表明，蜂窝每天每小时能够处理的数据大约为 10 亿条日志消息，可以从中发现策略违规和恶意软件感染情况。除了 APT 检测外，系统也支持针对其他应用程序的行为分析，包括 JT 管理（如在组织内通过检查使用模式确定关键服务和未经授权的 IT 基础设施）和基于行为的身份验证（如验证基于他们与其他用户和主机互动的用户，他们通常访问的应用程序，或他们的正常工作时间）。因此，蜂窝提供了一个洞察到组织安全环境的机制。

②使用大型分布式计算来揭开 APT。通过使用 MapReduce，一个精心设计的检测系统有可能长时间更加有效地处理由许多类型的传感器（如 Syslog、IDS、防火墙、网络流量和 DNS）捕获的任意格式高度非结构化数据。此外，大规模并行处理机制 MapReduce 比传统的基于 SQL 的数据处理系统能够使用更精密的检测算法。MapReduce 使用户有能力将任何检测算法纳入 Map 和 Reduce 函数。该功能可以根据工作的具体数据，使分布式计算的详细信息对用户透明。探讨大型分布式系统的使用，有可能马上帮助分析更多的数据，能在 APT 分析中涵盖更多的攻击路径和可能的目标，更深入揭示环境中目标的未知威胁。

（5）WINE 平台进行大数据分析安全全球智能网络环境（Worldwide Intelligence Network Environment，WINE）对大规模数据分析提供了一个平台，Symantec 利用 WINE 收集现场数据（如防病毒遥测和文件下载），并实施严格的试验方法。WINE 下载和聚合来自世界各地的数以百万计的主机数据源，并使其保持最新状态。

①数据共享及溯源。WINE 平台不断抽样和聚合多个 PB 大小的数据集，它提供了大量的恶意软件样本和上下文信息，以便了解恶意软件传播和隐藏技术，包括恶意软件如何能访问不同系统，一旦控制了恶意软件，它会执行什么操作，以及恶意软件如何最终仍被打败。

这些数据集包括防病毒遥测和入侵保护遥测，分别记录了已知的基于主机的威胁、网络威胁的事件。这些数据集和容量超过 1PB 的相关数据以高速率进行收集，WINE 为了保持最新的数据集，并使其易于分析，存储了每个遥测源的代表样本。WINE 中的样品包含主机的所有事件，使研究人员能在不同的数据集中搜索事件的相关性。

② WINE 分析实例：确定 0day 攻击的时间。0day 攻击利用了尚未公开的一个或多个漏洞，这种漏洞使网络犯罪分子能攻击任何目标而不被发现，从《财富》"世界 500 强"

企业到世界各地的数以百万计的消费者个人电脑。WINE 平台结合二进制文件声誉和防病毒遥测数据集，以及分析全球各地 1100 万主机上采集的现场数据来测量 Oday 攻击的时间。这一分析结果突破了大数据安全技术研究的历史。很长一段时间以来，安全社区认为 Oday 攻击无法发现，但过去的研究无法提供这一现象的显著统计证据。这是因为 Oday 攻击是罕见的事件，它不太可能在蜂巢中或在实验室中观察到。

第三节　大数据隐私保护

隐私是一种与公共利益、群体利益无关，当事人不愿他人知道或他人不便知道的个人信息。在网络世界中隐私有多种表现形式，例如以下信息都应该属于隐私范围：

（1）网络用户在申请上网开户、个人主页、免费邮箱，以及申请服务商提供的其他服务（购物、医疗、交友等）时，登记的姓名、年龄、住址、身份证号、工作单位、健康状况等信息。

（2）个人的信用和财产状况，包括信用卡、支付宝、上网卡、上网账号和密码、交易账号和密码等。

（3）邮箱地址、QQ 账号、微信账号、网站注册用户名和昵称等。

（4）个人的网络活动踪迹，如 IP 地址、浏览记录、活动内容等。

在信息时代，不仅个人身份数据广泛存在于政府、银行、医院、学校众多组织的电脑网络中，同时我们每天上网浏览、搜索、社交、购物等行为数据，都存储在网络公司的服务器中。亚马逊和淘宝记录着我们的个人注册信息与购物习惯，谷歌和百度记录着我们的网页浏览习惯，QQ 和微信记录着我们的言论和社交关系网。

大数据的来源范围非常广泛，包括社交网站、交易、位置、行为轨迹、电子邮件等有价值的信息，如果对电子邮件、搜索记录、交谈记录、文件传输记录、社交网站行为等海量数据进行分析，并关联现实中的一些个人行为（如信用卡、电话录音等），基本能够还原一个人的行为及生活轨迹，势必对用户隐私产生威胁。这些个人隐私信息被泄露后，其人身安全可能受到影响；同时，由于互联网管理制度的落后，没有对互联网中隐私数据的所有权和使用权进行界定和制定合理的标准，将使得用户隐私泄露后用户权利不能得到维护。

国家互联网应急中心报告显示，2012 年中国境内有 1400 多万台主机被境外木马或僵尸网络控制服务器所控制，还有 50 多个网站用户信息数据库在网上公开流通或私下售卖，其中被证实为真实信息的数据近 5000 万条。

用户隐私权利问题涉及网络空间的民生，是个人数据的所有权问题，也就是说用户能不能对自己的数据做主的问题，涉及个人隐私如何保护，网络信任如何保证，每个人对个人的信息所拥有的权利如何保障。

由于大数据分析工具与平台的不断成熟，越来越多的企业能够采集、存储海量数据并通过分析这些数据来增大开辟新业务的可能性。与此同时，大量企业不需要的涉及用户隐私的个人数据也被采集并存储在企业的业务系统中，不仅增加了企业管理数据的难度，也导致数据安全问题，造成了大数据挖掘与个人隐私保护之间的矛盾。

一、大数据隐私特点分析

大数据的汇集加大了个人隐私数据泄露的风险，基于隐私数据提供的个性化服务为用户带来了便利，但同时隐私和便利之间也不可避免地出现了冲突。

（一）个人隐私数据泄露的风险来源

1. 互联网企业对个人隐私信息的搜集

从技术的角度，当前已经完全有可能保存所有需要保存的信息。而从互联网企业的角度，为了提供更加精准的服务，在激烈的竞争中胜出，搜集用户信息也是必然的选择。据央视报道，苹果（iPhone）会在用户不知情的情况下记录手机用户使用应用的时间、地点，以及其他位置信息，而即便用户关闭了 iPhone 上的定位系统，这些信息仍会被记录下来，并回传到苹果的服务器。可见，对用户信息的全面关注和搜集，已经成为互联网行业的普遍现象。

2. 通过数据挖掘进一步暴露隐私

大数据的意义并不局限于存储数据，事实上大数据的核心价值在于对被存储的数据进行分析以获取更有价值的信息。数据挖掘是大数据分析的主要手段。通过数据挖掘对用户隐私将产生重大的威胁：本来是大量零散的、无害的信息，一旦通过数据挖掘，往往就会分析得到一些关键的重要信息，威胁到个人隐私。

（二）大数据分析带来的个人隐私保护问题

1. 对大数据的分析利用可能侵犯个人隐私

大数据时代个人是数据的来源之一，企业大量收集个人数据，并通过一套技术、方法对与个人相连的庞大数据进行整合分析，对企业而言是挖掘了数据的价值，但对个人而言，却是在个人无法有效控制和不知晓的情况下，将个人的生活情况、消费习惯、身份特征等暴露在他人面前，这极大地侵犯了个人的隐私。

2. 隐私保护问题已经引起用户的关注

大数据能够使我们以前所未有的方式审视检测事物，通过大数据的挖掘分析，各个领域能够做出更为明智的决定，如谷歌（Google）、亚马逊（Amazon）、推特（Twitter）和脸书（Facebook）等通过对用户搜索习惯、购物习惯、心中所好、社交关系等的洞察，获取了大量商业利益。大数据时代个人浏览网页、逛社交网站、网络购物的一举一动都将被监控，这将构成对用户隐私的极大侵犯。这一问题已经引起了用户的关注。据国外科技公司一项针对 11 个国家的大约 11000 人的调查，大部分用户认为自己的私人数据被跟踪，仅有 14% 的受访者表示，互联网公司对他们的个人资料的使用是诚实的，68% 的受访者表示，如果搜索引擎能够提供不被跟踪的功能，他们将非常愿意使用。另有调查显示，越来越多的用户认为当前的数据采集模型是以免费的网络内容或服务换取用户的个人数据，用户有被剥削的感觉。

3. 企业对个人数据和隐私的态度不一

目前，有很多企业都在从事个人数据的采集、分析和利用等活动，但企业对个人数据和隐私的态度不一。谷歌（Google）等互联网企业加紧采集个人数据，对隐私问题不够重视。谷歌曾调整隐私政策，将旗下多个平台的互联网服务所搜集的用户数据整合在一起，并以此加强对广告主的吸引力，但是谷歌将用户数据整合并未征求用户同意，没有保证用户的知情权和选择权，用户不会知道哪些信息被使用和用来做什么。Instagram 曾经的隐私政策和服务条款中，允许广告主灵活地在广告中使用照片、用户名和肖像，用户和媒体普遍理解为，该公司将享有出售用户照片的永久权利，既不必支付报酬，也不用事先告知，其中包括将照片用于广告用途。其他一些专门从事数据挖掘和分析的公司，如 Factual 公司在数据分析业务中会有意将个人信息加以剔除，公司提出其专注于秉持正确的数据收集及切入点。但也有诸如 Spokeo 等公司，会直接进行个人数据交易，并在客户行为报告中加入很多令人难以接受的极端细节，如在针对个人客户的档案中引用有关家庭成员及业余爱好的图片。

4. 用户个人信息控制权减弱

与传统环境相比，现在人们对个人信息的控制权明显降低了。传统环境下信息传播模式代价高，用户对自己的个人信息还保持有微弱的控制权。但是在当今大数据时代，个人在社交网站上的信息很容易被访问、收集和传播，通过对不同社交网络中个人信息进行整合分析，很容易建立包括目标人履历、喜好、朋友圈及信仰等信息在内的信息体系。数字信息的易复制性和长期保存性，使那些对我们不利的污点信息也很容易被别有用心的人获取，从而造成我们对个人信息控制权的减期。

（三）大数据环境下个人隐私问题存在的特点

1. 涉及个人隐私的信息并非自愿上传

互联网上很多信息并非个人自愿上传的，尤其是行为数据，如个人的网页浏览记录、搜索记录被无时无刻监控。同时，移动互联网发展迅速，无论在何时何地，手机等各种网络入口以及无处不在的传感器都会对个人数据进行采集、存储、使用，而这一切都是在用户无法控制的情况下发生的。

2. 个人信息使用授权问题更加复杂

用户在使用服务前必须签署服务协议，服务协议冗长，用户很难真正了解，而且采集的数据不再是以单一使用为目的，很多数据在收集很久后会发掘新的应用，无法提前预知，因此无法在采集的时候就获取授权。有的数据是通过机器对机器的批量采集形成的，所以难以解决授权问题。

3.跟踪数据流动很难

大数据技术的广泛应用导致跟踪数据流动很难，用户无法知道数据确切的存放位置，用户对其个人数据的采集、存储和使用难以有效控制。同时，数据的传输、存储面临更多的安全威胁，网络攻击、信息窃取等安全事件频繁出现，存在较大信息安全隐患。

二、大数据隐私保护对策

大数据技术的普及，使个人在网上的一切活动变成了以各种形式存储的数据，如何确保这些数据不被滥用、不被未经授权地泄露给第三方，是一大难题。大数据时代为了加强我国个人隐私保护的几点建议如下：

（一）加强对数据收集和使用企业的监督管理

我国出台《关于加强网络信息保护的决定》，规定了企业收集、使用公民个人电子信息的义务，包括明示收集、使用的目的、方向和范围，经被收集者同意，不得违反法律或双方约定收集、使用，公开其收集、使用的规则等。该款规定要求数据收集、使用等经用户同意，并进行合理使用。要确保企业履行上述义务，政府部门必须加强监督管理，通过制定标准规范或制定实施细则等方式，细化数据收集和使用企业的义务；建立有效的政府调查和介入机制，在用户投诉等情况下，政府能迅速并介入进行调查取证，对违反法律规定的行为予以处理。

（二）引导企业给予用户更多的个人数据控制权

目前，大多数互联网企业采取在网站上公布服务的格式条款，并由用户选择"同意"或"不同意"的方式，使用户消极地同意企业对个人数据的收集、使用。此种模式下，用户尽管做出了"同意"的表示，但并不信任数据收集企业对个人数据的使用，从长远看这对互联网产业的发展时不利的。企业为向用户提供精准的、个性化的服务，必然需要收集用户相关数据和信息，但是企业必须实现在收集用户数据和保障用户权益之间的平衡，过度收集和数据滥用都将引起用户反感。为此，企业应当给予用户更多的个人数据控制权，给用户更多的选择权、保障用户的知情权，并对用户数据进行合理使用。例如，企业可以让用户选择是否将个人数据用于广告，是否允许第三方机构使用以及知晓第三方将如何使用，个人数据在互联网企业的保存期限等，将企业收集了用户哪些数据、数据用于何种目的等透明化，将数据如何使用等告知用户。

（三）企业可以将隐私划分成不同等级，并分别实施不同的保护机制

例如：

（1）隐私级别1（Speed）：这个级别的数据中没有包含敏感信息，对应的数据区域采用弱加密的方式，以获得更多的服务性能。

（2）隐私级别2（Hybrid）：这个级别的数据中包含了一些敏感信息，对应的数据区域

在以不大幅影响系统性能的前提下，采用较复杂的加密算法。

（3）隐私级别3（Security）：这个级别的数据中包含大量的重要信息与敏感数据，对应的数据区域系统性能而采用最高级别的加密算法以保证数据安全。

（四）完善互联网企业服务行业自律公约

互联网企业要想在大数据时代的背景下走得更长远，就要努力构建本行业的通用规章，维护用户信息安全，建立客户信任感，从大数据中获得持久利益。

（1）改变秘密收集用户信息的现状。尊重用户知情权，向其告知企业收集用户个人信息的情况，给予用户是否授权运营商收集和利用自身信息数据的权利，并在服务条款里阐明个人信息数据的使用方式和使用期限。

（2）努力寻求社交网络个人信息拥有者、数据服务提供商及数据消费者之间共同认可的行业自律公约，保证数据共享的合法性，使第三方在使用社交网络数据时保证用户个人信息的隐私和安全，以营造安全的数据使用环境。

（五）进一步提高用户的隐私保护意识

在大数据时代，用户既是数据的消费者，也是数据的生产者，用户有权利拥有自己的数据，掌握数据的使用，也有权利毁坏或贡献出数据。大数据时代没有绝对的隐私，为享受个性化、精准化的服务，用户必然需要提供自己的相关数据。但是用户要知道自己对个人数据有哪些权利，对于企业过度的数据采集和数据滥用要保持警惕。同时，在使用服务过程中，要在重要环节保留证据，可采取截图、保留交易记录等手段，必要时通过法律手段维护自己的权益。

（六）提高用户的信息安全素养

提高信息安全素养是社交网络用户在大数据时代主动保护个人信息安全的有力措施。具体来说，信息安全素养包括信息安全意识、信息安全知识、信息伦理道德和信息安全能力等具体内容。信息安全知识的丰富，有助于人们了解木马、钓鱼网站的特性特点，从而提高信息安全意识，明确信息安全在大数据时代的重要性，以及了解保护个人和他人信息安全的职责和义务，遵守信息法律伦理，在一定程度上具有防范计算机网络犯罪和病毒攻击、及时备份重要资料的信息安全能力。

三、大数据的隐私保护关键技术

技术是加强隐私保护的一个重要方面，世界经济论坛发布的一份报告提出要依靠技术来保护隐私，将技术作为隐私保护的一项重要措施。公司高管及隐私保护专家一致认为，解决隐私保护问题最好的办法就是将隐私保护规则与高科技结合起来。

大数据环境下，随着分布式计算的广泛应用，在多点协同运行、数据实时传输和信息相互处理过程中，如何保证各独立站点和整个分布式系统的敏感信息以及隐私数据的安全，如何平衡高效的数据隐私保护策略算法与系统良好运行应用之间的关系，这些都成为急需解决的重要问题。

大数据环境下数据呈现动态特征，面对数据库中属性和表现形式不断随机变化且相互关联的海量数据，基于静态数据集的传统数据隐私保护技术将面临挑战。

大部分现有隐私保护模型和算法都是针对传统的关系型数据，不能将其移植到大数据应用中。原因在于攻击者的背景知识更加复杂也更难模仿，不能通过简单对比匿名前后的网络进行信息缺损判断。

目前，用于大数据隐私保护的主要技术包括数据发布匿名保护技术、社交网络匿名保护技术、数字水印技术、数据溯源技术、数据的确定性删除技术、保护隐私的密文搜索技术、保护隐私的大数据存储完整性审计技术等。

（一）数据发布匿名保护技术

就结构化数据而言，要有效实现用户数据安全和隐私保护，数据发布匿名保护技术是关键点，但是这一技术还需要不断发掘和完善。现有的大部分数据发布匿名保护技术的基本理论的设定环境大多是用户一次性、静态地发布数据。如通过元组泛化和抑制处理方式分组标识符，用匿名模式对有共同属性的集合进行匿名处理，但这样容易漏掉某个特殊的属性。一般来说，现实是多变的，数据发布普遍是连续、多次的。在大数据错杂的环境中，要实现数据发布匿名保护技术较为困难。攻击者可以从不同的发布点、不同的渠道获取各类信息，帮助他们得到一个用户的信息。

（二）社交网络匿名保护技术

包含了大量用户隐私的非结构化数据大多产生于社交网络，这类数据最显著的特征就是图结构，因而数据发布保护技术无法满足这类数据的安全隐私保护需求。一般攻击者都会利用点和边的相关属性，通过分析整合，重新鉴定出用户的身份信息。所以，在社交网络中实现数据安全与隐私保护技术，需要结合其图结构的特点，进行用户标识匿名以及属性匿名（点匿名），即在数据发布时对用户标识和属性信息进行隐藏处理；同时对用户间关系匿名（边匿名），即在数据发布时对用户之间的关系连接有所隐藏。这是社交网络数据安全与隐私保护的要点，可以防止攻击者通过用户在不同渠道发布的数据，或者是用户之间的联系推测出原本受匿名保护的用户，破解匿名保护。或者是在完整的图结构中，应用超级节点进行图结构的部分分割和重新聚集的操作，这样边的匿名就得以实现，但这种方法会降低数据信息的可用性。

（三）数字水印技术

水印技术是指将可标识信息在不影响数据内容和数据使用的情况下，以一些比较难察觉的方式嵌入数据载体里。一般用于媒体版权保护，也有一些数据库和文本文件应用水印技术的。不过在多媒体载体上与数据库或者文本文档上应用水印技术有着很大的不同是，基于两者的数据的无序和动态性等特点并不一致。数据水印技术从其作用力度可以分为强健水印类，多用于证明数据起源，保护原作者的创作权之类；脆弱水印类可用于证明数据的真实与否。但是水印技术并不适应现在快速生产的大数据，这是需要改进的一点。

（四）数据溯源技术

对数据溯源技术的研究一开始是在数据库领域内的，现在也被引入大数据隐私保护中。标记来源的数据可以缩短使用者判断信息真伪的时间，或者帮助使用者检验分析结果正确与否。其中，标记法是数据溯源技术中最为基本的一种手段，主要是记录数据的计算方法（Why）和数据出处（Where）。对于文件的溯源和恢复，数据溯源技术也同样发挥着极大的作用。

（五）数据的确定性删除技术

数据安全销毁（Secure Data Deletion）是近年来大数据安全中新的热点问题。由于用户在使用大数据服务的过程中，不再真正意义（物理）上拥有数据，如何保证存储在云端、不再需要的隐私数据能够安全销毁成为新的难点问题。传统的保护隐私数据方法是在将数据外包之前进行加密。那么大数据的安全销毁实际上就转化为（用户端）对应密钥的安全销毁。一旦用户可以安全销毁密钥，那么即使不可信的服务器仍然保留用户本该销毁的密文数据，也不能破坏用户数据的隐私。现有大量的系统是通过覆盖来删除所存储的数据，但是使用覆盖的方法严重依赖于基本的物理存储介质的性质。对现在广泛使用的云计算以及虚拟化模型来说，数据所有者失去了对数据存储位置的物理控制。因此，基于存储介质的物理性质的安全数据删除方法并不能满足现在的需求。确定性删除技术是在假设数据使用者不保存数据加密密钥这样一个强的安全假设下设计的，无法满足数据的后向安全性。若数据使用者成功访问过一次数据并保存数据加密密钥，即使密钥管理者回收控制策略、删除与其相关联的控制密钥，数据访问者依旧可以恢复用户数据，这样就不能达到数据确定性删除的效果。一种解决办法是数据所有者可以周期性地更新数据加密密钥，但这需要消耗大量的计算能力和通信带宽。

（六）保护隐私的密文搜索技术

所谓的密文搜索主要是通过关键词语的搜索实行隐私保护，在具体的搜索过程中需要形成有效的可搜机制，并针对密钥对称和可搜索密钥开展有效的加密工作。当搜索者进行加密数据搜索时，相关的数据使用者可使用可搜索的非对称加密，为搜索者提供最终结果。

1.隐私关键词

使用者会从自身角度出发制定一个密码关键词，实行隐私的保护。但是这种形式存在一定的安全隐患，不法分子通过某种攻击方式就可获取，如分析词频、文件、关键词攻击等。

2.不可关联性陷门

陷门的安全性是在确保相同结合关键词的前提下实行的，如果在陷门中没有满足此类要求，那么在一定程度上也会造成关键词的外泄。

3. 接入模式

现阶段很多接入模式并没有被列入保护搜索的内容中，主要原因是往内接入模式是通过获取密码信息来实行隐私保护的一种运作形式，实际应用代价较大，范围规模过大不利于现实应用。

（七）保护隐私的大数据存储完整性审计技术

隐私数据在大数据服务器中是否能够在完好存入后，可以完整性地取出是当前很多用户关心的主要问题之一，但是这种情况对现阶段任务存数量大的存储服务器来说带来了不小的压力和负担，因为这种隐私数据的完整性审计会消耗大量的网络带宽。针对这种情况，可以通过群组有效用户的方式实现大数据的完整性审计，这种方案在运行的过程中主要减少了用户的负担，并将维护完整性数据所需要的消耗成本转移给云端进行承担，但是这种方案在设计的基础上，还要充分考虑多个审计任务同时进行的情况，加大技术支持，并对方案内容进行全方面的拓展，保证在多个任务下的审计能力支持，提高保护审计效率，减少审计时间。

第四节　大数据合规管理

大数据存储和应用方式出现了新的变化，随着国内外监管机构对于合规要求的深入，大数据的合规管理面临更加严峻的挑战。

（1）大数据合规要求众多。以数据安全合规为例，目前的合规要求包括：公安部关于信息系统安全等级保护方面的要求、国际标准 ISO 27001 关于信息安全管理体系的要求、工信部关于客户信息安全保护方面的要求、网信办关于即时通信工具服务的要求等。

（2）大数据的合规管理需要采用更加规范和更加严谨的方法。正如前面章节所述，大数据的安全风险巨大，为了确保大数据合规，就需要更加全面细致地梳理企业大数据合规的要求，并采用有效的技术手段和系统平台对大数据合规管理予以支撑，确保大数据的持续合规。

对于拥有大数据的企业而言，一旦合规管理出现问题，就可能影响正常的经营活动，甚至可能给企业带来灾难性后果。

（3）不同主权国的合规要求不同。大数据时代，数据跨地域甚至是跨国界流动成为常态，数据作为一种核心的数字资产，其合规管理面临跨国界的监管要求，问题既十分突出，又特别重要。针对科技发展带来的隐私问题，近年来欧盟、美国等加快调整隐私保护思路，寻求建立新的隐私和合规管理规则。

一、美国数据合规管理状况

1974 年出台的《隐私法》是美国数据合规管理方面最重要的联邦法律。目前，美国尚未针对网络环境下隐私保护问题进行专门、系统的立法，涉及网络隐私保护的联邦立法中影响较大的是 1986 年颁布的《电子通信隐私法案》，规定了通过截获、访问或泄露保存的通信信息侵害个人隐私权的情况、例外和责任，禁止"向公众提供电子通信服务"的供应商将服务过程中产生的通信内容提供给任何未经批准的实体。此外，涉及隐私保护的法律还有 1970 年的《公平信用报告法》、1998 年的《儿童网络隐私保护法》等。

2012 年 2 月，美国白宫发布了《网络世界中消费者数据隐私：全球数字经济中保护隐私及促进创新的框架》，介绍了《消费者隐私权利法案》七项原则，包括网络用户有权控制哪些个人数据可以被收集和使用，企业必须负责任地使用用户信息等，同时督促多方利益主体参与推动执行，要求联盟贸易委员会加强执法。这项措施是政府一项更大规模的旨在改善网络隐私工作的一部分内容。互联网公司可以自愿选择是否采用这些原则，但公开承诺过遵守这些原则但事后又违反原则的互联网公司将面临强制诉讼。

二、欧盟数据合规管理状况

欧盟现行的《数据保护指令》颁布于 1995 年，是欧盟数据保护规章的核心，规定了一系列需要所有成员国实施的规则。随着网络信息技术的日新月异，现行的《数据保护指令》内容有些过时。2012 年 1 月，欧盟委员会向欧洲议会和欧盟成员国部长理事会提交了一个全面的数据保护立法改革提案，加强网络信息安全保护。该提案立法精神有四大支柱：一是建立全欧洲统一的数据保护法律，改变各国根据《数据保护指令》各自立法具体实施有差别的问题；二是对于在欧洲市场经营但非欧洲本土的公司，同样要求必须遵守欧洲数据保护法律；三是赋予个人一项被遗忘的权利（the right to be forgotten），如没有法定原因保留，个人有权要求删除涉及个人隐私的数据，包括互联网搜索服务商提供的有关个人数据的链接；四是明确单一数据保护监管机构处理机制，个人和企业均可以在本国数据保护监管机构处理涉及欧盟区域其他国家的数据保护诉讼事件，为个人和企业提供便利。

尽管一些机构认为该提案对于个人信息的保护过于严格，不利于信息的流动和科技行业的创新，但自从美国"棱镜"秘密情报监视项目曝光后，对于尽快通过法律保护欧盟公民隐私的呼吁越来越强烈，预计该提案的通过指日可待。

三、我国数据合规管理现状

为了改变我国在个人信息保护方面的社会意识淡薄和立法执法基础薄弱的不足，我国政府近年来加快了个人信息安全保护的立法和修法进程，2012 年 12 月 28 日，全国人大常委会通过的《关于加强网络信息保护的决定》进一步强化了以法律形式保护公民个人信息安全，明确了网络服务提供者的义务和责任，并赋予政府主管部门必要的监管手段。但这些法律法规仍存在规制范围狭窄、公民举证困难、缺乏统一主管机构等不足。

目前，我国保护个人信息的规定主要体现在行业规章制度上，或者零散地分布在部分法律法规中，缺乏系统性和可操作性。2013 年 2 月 1 日，我国首个个人信息保护的国家标准——《信息安全技术公共及商用服务信息系统个人信息保护指南》正式实施，虽然该指南明确规定了个人敏感信息在收集和利用之前，必须先获得个人信息主体明确授权，但毕竟只是一个标准，缺乏法律约束力。

随着大数据挖掘分析将越来越精准、应用领域不断扩展，个人隐私保护和数据安全变得非常紧迫。在隐私保护方面，现有的法律体系面临着两个方面的挑战：一是法律保护的个人隐私主要体现为"个人可识别信息（Personally Identifiable Information，PII）"，但随着技术的推进，以往并非 PII 的数据也可能会成为 PII，使得保护范围变得不明确；二是以往建立在"目的明确、事先同意、使用限制"等原则之上的个人信息保护制度，在大数据场景下变得越来越难以操作。而我国个人信息保护、数据跨境流动等方面的法律法规尚不成熟，也成为约束大数据产业健康发展的重要原因之一。

第四章　大数据应用的基本策略

第一节　大数据的商业应用架构

一、理念共识

实施大数据商业应用，管理层要认识到大数据的价值，并达成理念共识。管理层需要达成共识的理念包括：①公司战略。定位未来发展目标，明确未来战略发展方向。世界上一些成功的公司将其成功原因归于其所制定的创新战略，即获取、管理并利用筛选出来的数据确定发展机遇、做出更佳的商业决策以及交付个性化的客户体验。②确定初步的数据支持需求，制订数据采集存储计划与预算。③组建大数据技术团队，建立各部门协同机制；大数据战略的目标是把大数据和其他数据整合到一个处理流程中，使用大数据并不是一个孤立的工作，而是一门真正改变行业规则的技术，需要多部门的协同以发现真正需要解决的复杂问题，并获得以前未想到过的洞察力。④管理层对大数据应用成果应给予高度关注，并颁发大数据应用奖励等。

二、组织协同

在大数据时代，我们往往需要 SOA 以适应不断改变的需求。

面向服务的体系结构（Service-Oriented Architecture，SOA）是一个组件模型，它将应用程序的不同功能单元（称为服务）通过这些服务之间定义良好的接口和契约联系起来。接口是采用中立的方式进行定义的，它应该独立于实现服务的硬件平台、操作系统和编程语言。这使得构建在各种这样的系统中的服务可以以一种统一和通用的方式进行交互。

对 SOA 的需求来源于使用 IT 系统后，业务变得更加灵活。通过允许强定义的关系和依然灵活的特定实现，IT 系统既可以利用现有系统的功能，又可以准备在以后做一些改变来满足它们之间交互的需要。

一家企业在发展的过程中会做出很多整合。由于企业一开始信息化的时候，有很多企业没有想得那么多，后来整合的时候，如果大家用的标准不一样的话，那么这个成本就会非常高。而且做完整合以后，还要做维护，这个维护费用可能也会很高。此外，在考虑未来发展的时候，有一个新的版本出来，很多系统要升级的时候，那考虑要用的时间和成本相对也比较高。而 SOA 这个架构其实是一个标准，不管你做什么，如果大家都用 SOA 共同的标准、共同的语言的话，那刚才提到的几个问题就会很好解决。

关于 SOA，还有很多的企业业务系统的应用，有的是从标准的角度，即 SOA 服务的标准。例如，在我们做自己的业务系统部署的时候，先上什么系统，后上什么系统，系统之间的关联是什么，也应该遵循 SOA 的理念。我们怎么去面向我们的应用，面向我们的实践，这里面可能要把一个纯技术的东西当作一个企业自身的问题去面对，而不仅仅是 SOA 技术。

三、技术储备

大数据应用主要需要四种技术的支持：分析技术、存储数据库、NoSQL 数据库、分布式计算技术等。

（一）分析技术意味着对海量数据进行分析以得出答案

人们会思考运用云技术我们能做什么？ IBM 副总裁兼云计算 CTO Lauren States 解释说，运用大数据与分析技术，我们希望获得一种洞察力。以某网球公开赛为例，当时组委会在 IBM 的云平台上建立了一个叫 Slam Tracker 的分析引擎，Slam Tracker 收集了最近 5 年比赛的近 3900 万份统计数据，通过这些数据分析出了运动员们在获胜时的一些表现模式。

（二）存储数据库（In-Memory Databases）让信息快速流通

大数据分析经常会用到存储数据库来快速处理大量记录的数据流通。例如，用存储数据库来对某个全国性的连锁店某天的销售记录进行分析，得出某些特征，进而根据某种规则及时为消费者提供奖励回馈。

（三)NoSQL 是一种建立在云平台的新型数据处理模式

NoSQL 在很多情况下又叫作云数据库。由于其处理数据的模式完全是分布于各种低成本服务器和存储磁盘，因此，它可以帮助网页和各种交互性应用快速处理过程中的海量数据。它为社交游戏公司 Zynga、美国在线（AOL）、思科（Cisco）以及其他一些企业提供网页应用支持。正常的数据库需要将数据进行归类组织，类似于姓名和账号这些数据需要进行结构化和标签化。然而 NoSQL 数据库则完全不用关心这些，它能处理各种类型的文档。

在处理海量数据时，它也不会有任何问题。比方说，如果有 1000 万人同时登录某个 Zynga 游戏，它会将这些数据分布于全世界的服务器并通过它们来进行数据处理，结果与 1 万人同时在线没什么区别。

现今有多种不同类型的 NoSQL 模式。商业化的模式如 Couchbase、10gen 的 MongoDB 以及 Oracle 的 NoSQL；开源免费的模式如 CouchDB 和 Cassandra；还有亚马逊最新推出的 NoSQL 云服务。

（四）分布式计算结合了 NoSQL 与实时分析技术

如果想要同时处理实时分析与 NoSQL 数据功能，那么你就需要分布式计算技术。分布式计算技术结合了一系列技术，可以对海量数据进行实时分析。更重要的是，它所使用的硬件非常便宜，因此要让这种技术的普及变成可能。

SGI 的 Sunny Sundstrom 解释说，通过对那些看起来没什么关联和组织的数据进行分析，我们可以获得很多有价值的结果。如可以发现一些新的模式或者新的行为。运用分布式计算技术，银行可以从消费者的一些消费行为和模式中识别网上交易的欺诈行为。

分布式计算技术正引领着将不可能变为可能的潮流。Skybox Imaging 就是一个很好的例子。这家公司通过对卫星图片的分析得出一些实时结果，如某个城市有多少可用停车空间，或者某个港口目前有多少船只。它们将这些实时结果卖给需要的客户。没有这个技术，要想快速便宜地分析这么大量的卫星图片数据将是不可能的。

很多前沿领域都在发生技术创新，以帮助企业管理不断涌现的海量数据并提高数据利用效率。一些创新是基于传统的关系型数据库技术，以利用成熟解决方案的丰富功能。其他一些创新则利用新数据库模式以满足更加极端的要求。基于这些技术进步，它们能够管理庞大的数据并向企业交付实时或接近实时的洞察力，可以交付新的数据库和分析解决方案，几种解决方案简述如下。

1. 开源大数据解决方案

开源社区针对大数据提出了新的解决办法。通常来说，这些解决方案旨在解决的挑战与新兴 RDMS 创新针对的目标相同。然而，它们对于数据一致性和数据耐用性的要求更低，适用于很多大数据应用场景。潜力最大的开源大数据解决方案是分布式 RDBMS 和 NoSQL 解决方案（如 Hadoop），两者都采用分布式文件系统（DFS）将数据与分析操作分散在横向可扩展的服务器与存储架构中。这一分布式的解决办法能够通过大规模并行处理以提高复杂分析的性能。它还支持通过增加服务器与存储节点来逐步扩展数据库的容量和性能。

一方面，这些分布式解决方案（包括图形导向型趋势分析）能够独立运行。另一方面，它们也可以集成至传统 RDBMS 系统以协调数据管理与分析。需要处理大数据的企业应当了解各种方案的优势和不足，部署解决方案时也应当满足企业的政策、一致性、管理与服务级别要求。其首要步骤是评估关键数据类型与数据需求，并判断每个应用领域希望获取的洞察性信息。

2. 高级数据交付与数据管理功能

所有分析解决方案都在进行软件创新以交付更高的功能、安全性和价值。其关键进步包括：①更好地支持安全、合规的数据转换与传输。②增强的分析算法提供更佳、更快的分析并更加高效地操作大型数据集。③定制的可视化帮助各种类型的用户更加快速、清晰地了解分析结果。④更紧密的数据压缩率，以提高存储利用率。

3. 预封装的分析解决方案

访问、管理与分析海量数据在很多级别上来说都是极大地挑战，多数公司缺乏专家，无法从底层开始构建高价值的解决方案。因此，供应商们就以各种形式来填补空缺。

（1）优化的分析设备。众多厂商正在开发专用的分析设备，其设计用于支持大批量数据的快速分析。这些优化的设备能够快速部署并降低风险。它们交付的显著优势体现在集成性、高性能、可扩展性以及易用性方面。

（2）行业解决方案。很多厂商正在开发面向医疗、能源、制造与零售等特定行业需求的数据与分析解决方案。其专门打造的硬件与软件有助于解决特定的行业挑战，同时消除或大大降低客户方面的开发成本与复杂度。

（3）数据与分析即服务。最具转化力的价值可能最终来自为客户提供数据与分析即服务的厂商。价值交付方式有很多，包括识别、聚合、验证、存储及交付原始数据，针对特定的企业或个人，或者企业内流程的需求提供定制的分析。这并不是新出现的想法，多年前企业就将数据密集型的任务交给合格的服务提供商托管。然而，我们正在进入数据交换的新时代，有望看到这些交易的规模、复杂度和价值出现爆炸式增长。云计算模式将加速这一趋势，为数据访问和分析共享带来更高的灵活性和效率。

第二节　大数据应用的前期准备

一、制定大数据应用目标

大数据屡屡显示其威力，已经渗透进每一个领域。企业需要结合发展战略，明确大数据应用的阶段目标。一些典型的应用目标举例如下：

（一）气象领域

在气象领域，越来越多的人意识到，天气不再仅仅是影响人们生活和出行的信息，如果加以利用，天气将成为巨大价值的来源。

世界各国的公司都将气象分析加入他们的经营战略当中，并期待利用大自然获得更大收益。Sears 零售公司通过危机指挥中心的监控设备关注全国天气，以确保各种必需品库存充足。保险公司 EMC 通过分析冰雹灾害发生的历史记录，避免欺诈索赔。位于堪萨斯州的西星能源公司安排公司的电工随时关注美国其他各州的恶劣天气状况，以便在危机状况时给予帮助。

商业用户获取分析之后的气象信息，能更好地进行商业活动。比如，保险公司通过雨水的累计模型了解雨后汽车保险的索赔情况，医药公司通过气象地图了解各区域病人呼吸困难的原因等。

日用消费品公司、物流企业、餐厅、铁路、游乐园、金融服务等都需要气象信息。一些公司通过分析天气如何影响客户行为，从中探索出接下来的营销策略。此外，还有一些公司对未来天气进行预测，预见未来价值风险，尽量找出竞争对手不能预见的潜在问题。天气其实是最基本的大数据问题。

分析技术的进步和丰富的气象数据使得保险公司的分析创造力和判断正确性都得到显著提高。

（二）汽车保险业

通过分析车载信息服务数据，可以进行客户风险分析、投保行为分析、客户价值分析和欺诈识别。在为保险业提高利润的同时，减小了欺诈带来的损失。

（三）文本数据的应用目标

文本是最大的也是最常见的大数据来源之一。我们身边的文本信息有电子邮件、短信、微博、社交媒体网站的帖子、即时通信、实时会议及可以转换成文本的录音信息。一种目前很流行的文本分析应用是情感分析。情感分析是从大量人群中挖掘出总体观点，并提供市场对某个公司的评价、看法或感受等相关信息。情感分析通常使用社会化媒体网站的数据。如果公司可以掌握每一个客户的情感信息，就能了解客户的意图和态度。与使用网络数据推断客户意图的方法类似，了解客户对某种产品的总体情感是正面情感还是负面情感也是很有价值的。如果这位客户此时还没有购买该产品，那价值就更大了。情感分析提供的信息可以让我们知道要说服这名客户购买该产品的难易程度。

文本数据的另一个用途是模式识别。我们对客户的投诉、维修记录和其他的评价进行排序，期望在问题表达之前，能够更快地识别和修正问题。

欺诈检测也是文本数据的重要应用之一。在健康保险或伤残保险的投诉事件中，使用文本分析技术可以解析出客户的评论和理由。一方面，文本分析可以将欺诈模式识别出来，标记出风险的高低。面对高风险的投诉，需要更仔细地检查。另一方面，投诉在某种程度上还能自发地执行。如果系统发现了投诉模式、词汇和短语没有问题，就可以认定这些投诉是低风险的，并可以加速处理，同时将更多的资源投入高风险的投诉中。

法律事务也会从文本分析中受益。根据惯例，任何法律案件在上诉前都会索取相应的电子邮件和其他通信历史记录。这些通信文本会被批量地检查，识别出与本案相关的那些语句（电子侦察）。

（四）时间数据与位置数据的应用

随着全球定位系统（GPS）、个人GPS设备及手机的应用，时间和位置的信息一直在增加。通过采集每个人在某个时间点的位置，和分析司机、行人当前位置的数据，为司机及时提供反馈信息，可以为司机提供就近餐馆、住宿、加油、购物等信息。

如果能识别出哪些人大约在同一时间同一地点出现，就能识别出有哪些彼此不认识或者在一个社交圈子里的人，然而他们都有很多共同的爱好。婚介服务能用这样的信息鼓励人们建立联系，给他们提供符合个人身份或团体身份的产品推荐，帮助人们找到自己的合适伴侣。

（五）RFID 数据的价值

无线射频标签，即 RFID（Radio Frequency Identification），是安装在装运托盘或产品外包装上的一种微型标签。RFID 读卡器发出信号，RFID 标签返回响应信息。如果多个标签都在读卡器读取范围内，它们同样会对同一查询做出响应，这样辨识大量物品就会变得相对容易。

RFID 应用是自动收费标签，有了它，司机通过高速公路收费站的时候就不需要停车了。

RFID 数据的另一个重要应用是资产跟踪。例如，一家公司把其拥有的每一个 PC、桌椅、电视等资产都贴上标签，这些标签可以很好地帮助公司进行库存跟踪。

RFID 最大的应用之一是制造业的托盘跟踪和零售业的物品跟踪。例如，制造商发往零售商的每一个托盘上都有标签，这样可以很方便地记录哪些货物在某个配送中心或者商店。

RFID 的一种增值应用是识别零售商货架上有没有相应的商品。

RFID 还能很好地帮助我们跟踪物品（商品），物品流通情况，能反映其销售或展示情况。

RFID 如果和其他数据组合起来，就能发挥更大的威力。如果公司可以收集配送中心里的温度数据，那么出现断电或者其他极端事件时，我们也能跟踪到商品的损坏程度。

RFID 有一种非常有趣的未来应用，是跟踪商店购物活动，就像跟踪 Web 购物行为一样。如果把 RFID 读卡器植入购物车中，我们就能准确地知道哪些客户把什么东西放进了购物车，也能准确地知道他们放入的顺序。

RFID 的最后一种应用是识别欺诈犯罪活动，归还偷盗物品。

（六）智能电网数据的应用

智能电网数据的应用不仅可以使电力公司按时间和需求量的变化定价，利用新的定价程序来影响客户的行为，减少高峰时段的用电量，而且可以解决为了应对高峰时段的用电量，另建发电站带来的高成本支出，以减少建发电站的费用和对环境造成的影响。

（七）工业发动机和设备传感器数据的应用

飞机发动机和坦克等各种机器也开始使用嵌入式传感器，目标是以秒或毫秒为单位来监控设备的状态。发动机的结构很复杂，有很多移动部件必须在高温下运转，会经历各种各样的运转状况，因为成本较高，用户期望寿命越长越好，因此，稳定的可预测的性能变得异常重要。通过提取和分析详细的发动机运转数据，我们可以精确地定位那些导致失效的某些模式。然后我们就能识别出会降低发动机寿命的时间分段模式，从而减少维修次数。

（八）视频游戏遥测数据的应用

许多游戏是通过订阅模式挣钱，因此维持刷新率对这些游戏非常重要，通过挖掘玩家的游戏模式，我们就可以了解到哪些游戏行为是与刷新率相关的，哪些是无关的。

（九）社交网络数据的应用

Facebook 等社交网络正在利用社交网络分析技术来洞察哪些广告会对哪些用户构成吸引。我们关心的不仅仅是客户自己的兴趣表达，更要关注他的朋友圈和同事圈对什么感兴趣。

通过分析消费者的行为数据和社交网络数据，给用户推荐他感兴趣或他朋友感兴趣的产品，以增加用户的购买行为。

二、大数据采集

结合大数据应用目标，准备服务器、云存储等硬件设施，设计大数据采集模式，实施大数据采集战略。数据包括企业内部数据、供应链上下游合作伙伴的数据、政府公开数据、网上公开的数据等。常见的数据采集途径包括：①网络连接的传感器节点：根据麦肯锡全球研究所发布的报告，网络连接的传感器节点已经超过 3000 万，而这一数字还在以超过 30% 的年增长速度不断增加。②文本数据：电子邮件、短信、微博、社交媒体网站的帖子、即时通信、实时会议及可以转换为文本的录音文件。③汽车保险业：数据采集点在交通工具上安装车载信息服务装置。④智能电网：用遍布于智能电网中的传感器收集数据。⑤工业发动机和设备：数据采集点、发动机传感器可以收集到从温度到每分钟转数、燃料摄入率再到油压级别等信息，数据可以根据预先设定的频率获取。用户网上的行为数据：⑥通过网络日志、session 信息等进行搜集分析。⑦数据库系统：从各类管理信息系统中采集日常交易数据、状态信息数据等。

三、已有信息系统的优化

大数据应用对已有的信息系统提出了更高要求，从硬件上考虑，提高系统处理能力，这也是我们在做系统集成方案时所需要考虑的，从硬件上应主要从以下几个方面去考虑：①主机选型。②运算能力。③存储系统与存储空间。④数据存储容量。⑤内存大小。⑥网络传输速率。

从软件上应主要从以下几个方面去考虑：①升级数据备份策略。②开发适应大数据分析的数据仓库与数据挖掘方法，如开发并行数据挖掘工具。③开发分析大数据的商业智能系统平台：第一，能处理大规模实时动态的数据；第二，有能容纳巨量数据的数据库、数据仓库；第三，高效实时的处理系统；第四，能分析大数据的数据挖掘工具。④优化现有的搜索引擎系统、综合查询系统等。

四、多系统、多结构数据的规范化

多系统数据规范化最好的方式是建立数据仓库，让分散的数据统一进行存储。对于多系统数据的规范化，可以建立一个标准格式的数据转化平台，不同系统的数据经过这个数据转化平台的转化，就可以转为统一格式的数据文件。可以使用 ETL 工具，如 OWB（Oracle Warehouse Builder）、ODI（Oracle Data Integrator）、Informatic PowerCenter、AICloudETL、DataStage、Repository Explorer、Beeload、Kettle、DataSpider 等将分散的、异构数据源中的数据（如关系数据、平面数据文件等）抽取到临时中间层后进行清洗、转换、集成，最后加载到数据仓库或数据集市中，成为联机分析处理、数据挖掘的基础。

对于大多数反馈时间要求不是那么严苛的应用，比如离线统计分析、机器学习、搜索引擎的反向索引计算、推荐引擎的计算等。它是采用离线分析的方式，通过数据采集工具将日志数据导入专用的分析平台。然而面对海量数据，传统的 ETL 工具往往彻底失效，主要原因是数据格式转换的开销太大，在性能上无法满足海量数据的采集需求。互联网企业的海量数据采集工具有脸书（Facebook）开源的 Scribe、LinkedIn 开源的 Kafka、淘宝开源的 Timetunnel、Hadoop 开源的 Chukwa 等，均可以满足每秒数百 MB 的日志数据采集和传输需求，并将这些数据上传到 Hadoop 中央系统里。

对于多结构的数据，可以通过关键词提取、归纳、统计等方法，基于可拓学理论建立统一格式的基元库。基元理论认为，构成大千世界的万事万物可分为物、事、关系三大类，构成自然界的是物，物与物的互相作用就是事，物与物、物与事、事与事存在各种关系，物、事和关系形成了千变万化的大自然和人类社会。描述物的是物元，描述事的是事元，描述关系的是关系元。物元、事元和关系元统称为基元，基元以对象、特征、量值的三元组表示，构成了描述问题的逻辑细胞。利用可拓学理论和方法，可以采集信息建立统一的形式化信息库。

五、大数据收集中的可拓创新方法

数据本身质量问题已成为影响数据挖掘应用的重要因素，为了得到可信的结论，数据处理工作占整个数据分析工作量的 80%～90%。普华永道会计师事务所（Pricewaterhouse Coopers, PwC）在纽约所做的研究表明，599 个被调查公司中的 75% 都存在由于数据质量问题造成经济损失的现象。著名市场调查公司 Gartner 也表示，致使如商业智能（BI）和客户关系管理（CRM）这些大型的、高成本的 IT 方案失败的主要原因，就在于企业是根据不准确或者不完整的数据进行决策的。存在有错误的或者不完整的、冗余的、稀疏的数据使得最终数据挖掘结论的可信度降低。企业往往缺乏有效措施保证数据准确，导致数据挖掘项目的时间长、效果不明显。

企业用于数据挖掘的数据集是一个随时间、空间及信息化管理程度等动态变化的多维物元，符合可拓集合的四个特征，属于可拓集合，可拓集合有三种变换方案：

（一）关于论域变换的解决方案

①对论域做置换变换，可以选择质量满足数据挖掘要求的其他数据集进行挖掘，同时改变挖掘目标。②对论域做增删变换，增加质量更好的数据集以降低整体数据集的不准确率，或者去掉一些质量很差的数据集，对数据集进行优化。③对论域做蕴含分析，延伸到产生脏数据的源头环节，从数据挖掘角度提出改进建议等，如采取调整数据结构、存储方式、汇总方式、保留时间等，提高数据的完整性和准确性，逐步提高整体的数据质量，缩小数据质量的差距。使论域由挖掘数据集延伸到原始数据集，从来源上采取变换措施。

（二）关于关联准则变换的解决方案

企业用于数据挖掘的数据的集合本身不变，即关联度不变，对判断数据质量的标准做出变换，在一般数据挖掘软件下不符合要求的数据在变换后的新软件下质量达到挖掘要求。例如，研究构造一个低数据质量下的数据挖掘系统，实现容忍低质量数据的数据挖掘算法等，目前已经有学者在研究这个问题。

（三）关于元素变换的解决方案

变换量值，使现在质量差的数据集变成可挖掘的数据集。目前，数据挖掘上研究的数据清洗、针对不完整数据的各种填充算法等都是这类方法；用清洗后的子集做数据挖掘，这是目前常用的数据清洗方法，其缺点是清洗工作量大，容易洗掉一些有价值的信息。

数据清洗、填充、容忍算法等都只是解决了历史数据的可挖掘问题，不能防止新的数据产生。数据挖掘持续应用的根本方法在实现物元可拓集的变换，在事元"数据挖掘咨询"的不断作用下，促使数据从来源上达到正确性、完整性、一致性等要求。

第三节　大数据分析的基本过程

一、数据准备

数据准备包括采集数据、清洗数据和储存数据等。主要步骤包括：①绘制数据地图，选择用于挖掘的数据集，了解并分析众多属性之间的相关性，把字段分为非相关字段、冗余字段、相关字段，最后保留相关字段，去除非相关字段和冗余字段。②数据清洗：通过填写空缺值，平滑噪声数据，识别删除孤立点，并解决不一致进行清理数据，如填补缺失数据的字段、统一同一字段不同数据集中数据类型的一致性、格式标准化、异常清除数据、纠正错误、清楚重复数据等。③数据转化：根据预期采用的算法，对字段进行必要的类型处理，如将非数字类型的字段转化成数字类型等。④数据格式化：根据建模软件需求，添加、更改数据样本，将数据格式化为特定的格式。

海量数据的数据量和分布性的特点，使得传统的数据管理技术不在适合处理海量数据。海量数据对分布式并行处理技术提出了新的挑战，开始出现以 MapReduce 为代表的一系列研究工作。MapReduce 是由谷歌公司提出的一个用来进行以及处理和生成大数据集的模型。MapReduce 作为典型的离线计算框架，无法满足许多在线实时计算需求。目前，在线计算主要基于两种模式研究大数据处理问题：一种基于关系型数据库，研究提高其扩展性，增加查询通量达到满足大规模数据处理需求；另一种基于新兴的 NoSQL 数据库，通过提高其查询能力、丰富查询功能来满足有大数据处理需求的应用。

二、数据探索

利用数据挖掘工具在数据中查找模型，这个搜寻过程可以由系统自动执行，自底向上搜寻原始事实以发现它们之间的某种联系，同时可以加入用户交互过程，由分析人员主动发问，从上到下地找寻以验证假定的正确性。对于一个问题的搜寻过程可能会用到许多工具，例如，神经网络、基于规则的系统、基于实例的推理、机器学习、统计方法等。

分析沙箱适合进行数据探索、分析流程开发、概念验证及原型开发。这些探索性的分析流程一旦发展为用户管理流程或者生产流程，就应该从分析沙箱中挪出去。沙箱中的数据都有时间限制。沙箱的理念并不是建立一个永久的数据集，而是根据每个项目的需求构建项目所需的数据集。一旦这个项目完成了，数据就会被删除。如果沙箱被恰当使用，沙箱将是提升企业分析价值的主要驱动力。

三、模式知识发现

利用数据挖掘等工具，发现数据背后隐藏的知识。常用的数据挖掘方法如下：

数据挖掘可由关联（association）、分类（classification）、聚集（clustering）、预测（prediction）、相随模式（sequential patterns）和时间序列（similar time sequences）等手段去实现。关联是寻找某些因素对其他因素在同一数据处理中的作用；分类是确定所选数据与预先给定的类别之间的函数关系，通常用的数学模型有二值决策树神经网络、线性规划和数理统计；聚集和预测是基于传统的多元回归分析及相关方法，用自变量与因变量之间的关系来分类的方法，这种方法流行于多数的数据挖掘公司。其优点是能用计算机在较短的时间内处理大量的统计数据，其缺点是不易进行多于两类的类别分析；相随模式和时间序列均采用传统逻辑或模糊逻辑去识别模式，进而寻找数据中的有代表性的模式。

四、预测建模

数据挖掘的任务分为描述性任务（关联分析、聚类、序列分析、离群点等）和预测任务（回归和分类）两种。

数据挖掘预测是通过对样本数据（历史数据）的输入值和输出值关联性的学习，得到预测模型，再利用该模型对未来的输入值进行输出值预测。通常情况，可以通过机器学习方法建立预测模型。DM（Data Mining）的技术基础是人工智能（机器学习），但是 DM仅仅利用了人工智能（AI）中一些已经成熟的算法和技术，因而复杂度和难度都比 AI 小很多。

数据建模不同于数学建模，它是基于数据建立数学模型，是相对于基于物理、化学和其他专业基本原理建立数学模型（机理建模）而言的。对于预测来说，如果所研究的对象有明确的机理，可以依其进行数学建模，这当然是最好的选择。但是实际问题中，一般无法进行机理建模。历史数据往往是容易获得的，这时就可使用数据建模。

典型的机器学习方法包括决策树方法、人工神经网络、支持向量机、正则化方法等。可参考统计学、数据挖掘等领域的相关书籍，在此不详细介绍。

五、模型评估

模型评估方法主要有技术层面的评估和实践应用层面的评估。技术层面根据采用的挖掘分析方法，选择特定的评估指标显示模型的价值，以关联规则为例，有支持度和可信度指标。

对于分类问题，可以通过使用混淆矩阵对模型进行评估，还可以使用 ROC 曲线、KS曲线等对模型进行评估。

六、知识应用

大数据决策支持系统中"决策"就是决策者根据所掌握的信息为决策对象选择行为的思维过程。

使用模型训练的结果，帮助管理者辅助决策，挖掘潜在的模式，发现巨大的潜在商机。应用模式包括与经验知识的结合、大数据挖掘知识的智能融合创新，以及知识平台的智能涌现等。

第四节　数据仓库的协同运用

一、多维数据结构

多维数据分析是以数据库或数据仓库为基础的，其最终数据来源与 OLTP 一样均来自底层的数据库系统，因为两者面对的用户不同，所以数据的特点与处理也不同。

多维数据分析与 OLTP 是两类不同的应用，OLTP 面对的是操作人员和低层管理人员，多维数据分析面对的是决策人员和高层管理人员。

OLTP 是对基本数据的查询和增删改进行操作，它以数据库为基础，而多维数据分析更适合以数据仓库为基础的数据分析处理。

多维数据集由于其多维的特性通常被形象地称作立方体（Cube），多维数据集是一个数据集合，通常从数据仓库的子集构造，并组织和汇总成一个由一组维度和度量值定义的多维结构。

（一）度量值（Measure）

①度量值是决策者所关心的具有实际意义的数值。例如，销售量、库存量、银行贷款金额等。②度量值所在的表称为事实数据表，事实数据表中存放的事实数据通常包含大量的数据行。事实数据表的主要特点是包含数值数据（事实），而这些数值数据可以统计汇总以提供有关单位运作历史的信息。③度量值是分析的多维数据集的核心，是最终用户浏览多维数据集时重点查看的数值数据。

（二）维度（Dimension）

①维度（简称维）是人们观察数据的角度。例如，企业通常关心产品销售数据随时间的变化情况，这是从时间的角度来观察产品的销售，因此时间就是一个维（时间维）。再如，银行会给不同经济性质的企业贷款（国有企业、集体企业等），若通过企业性质的角度来分析贷款数据，那么经济性质也就成了一个维度。②包含维度信息的表是维度表，维度表包含描述事实数据表中的事实记录的特性。

（三）维的级别（Dimension Level）

①人们观察数据的某个特定角度（某个维）还可以存在不同的细节程度，我们称这些维度的不同的细节程度为维的级别。②一个维通常具有多个级别。例如，当描述时间维时，可以从月、季度、年等不同级别来描述，那么月、季度、年等就是时间维的级别。

（四）维的成员（Dimension Member）

①维的一个取值称为该维的一个成员（简称维成员）。②如果一个维是多级别的，那么该维的成员是在不同维的级别的取值的组合。例如，考虑时间维具有日、月、年这三个级别，分别在日、月、年上各取一个值组合起来，就得到了时间维的一个成员，即"某年某月某日"。

二、多维数据的分析操作

多维分析可以对以多维形式组织起来的数据进行上卷、下钻、切片、切块、转轴各种分析操作，便于剖析数据，使分析者、决策者能从多个角度、多个侧面观察数据库中的数据，进而深入了解数据中的信息和内涵。

（一）上卷（Roll Up）

上卷是在数据立方体中执行聚集操作，通过在维级别中上升或通过消除某个或某些维来观察更加概括的数据。

上卷的另一种情况是通过消除一个或多个维来观察更加概括的数据。

（二）下钻（Drilld Down）

下钻是通过在维级别中下降或通过引入某个或某些维来更细致地观察数据。

（三）切片（Slicing）

在给定的数据立方体的一个维上进行的选择操作，切片的结果是得到了一个二维的平面数据。

（四）切块（Dice）

在给定的数据立方体的两个或多个维上进行选择操作，切块的结果是得到了一个子立方体。

（五）转轴（Pivot or Rotate）

转轴就是改变维的方向。维度表和事实表相互独立，又相互关联并构成一个统一的架构。

第五节　大数据战略与运营创新

大数据的发展，既包括科学问题，也存在产业价值和经济价值问题。互联网公司密切关注的是如何利用大数据产生新的产业链条。目前，百度、谷歌、阿里巴巴等公司正在积极研究如何利用大数据推动新的商业模式，产生新的商业链条，包括通过电子商务来建立产品的关联关系，利用大数据进行有效的电子商务分析等。

在探索大数据的经济价值时，产业界的逐利性决定了部分企业不会致力于研究大数据的技术应用问题，也不会去思考大数据的长远发展问题，聪明的投资者会对大数据的核心价值做出判断，谨慎地分析大数据和自己的关系。

大数据能够有效分析海量非结构数据并整合各类资源带来创新机遇。根据信息科技调研公司 Gartner 的一份报告，若要获得信息的最高价值，首席信息官们必须认识到创新的必要性，而这里所指的创新并不仅仅局限在大数据管理技术方面。

这份研究指出，随着企业诸多问题的解决方案皆以大数据分析为重要参考，企业有必要鼓励创新，强化创新。大数据指的是大规模、海量、复杂数据的集合，由于其规模庞大，利用现有数据库管理工具或传统的数据处理应用软件很难实现有效管理。

"大数据要求企业提高两个层面的创新水平"，Gartner 研究副总裁 Hung LeHong 在一份声明中表示："首先，技术本来就是一种创新。但除此之外，企业还必须为创新决策制定支持与分析的流程和方式。其次，后者并非技术层面的挑战，而是流程与管理的挑战与创新。大数据技术改变了现有分析问题的方式，由此带来了诸多新的机遇。新数据源与新的分析方法能够显著提高企业的运行效率，这是过去任何转变都难以比拟的。"

这份报告指出，大数据为企业实现增值的先例有限，且过去从未有任何企业尝试通过这些新方法分析与访问数据。因此，对于任何一个企业而言，它需要时间来建立对新数据源以及分析方式的信任。这也是为什么，我们鼓励企业从小的试验项目着手，不断实现数据透明化并改善数据观察与分析方式。

LeHong 表示："首席信息官们也许更乐意从内部数据源开始这场变革，原因是内部数据多数已由 IT 部门管理。然而，很多情况表明，这些内部数据源完全没有受到 IT 部门的有效管控，例如，呼叫中心记录、安全摄像头、生产设备的运营数据等都是内部数据源，但是它们不由企业 IT 部门管理。"

报告指出，采用大数据技术的企业有能力保留完整、原始的数据，建立丰富的数据源，不断提高信息的价值。然而，首席信息官们也需要确立一个明确的商业目标及新数据存储方式。尽管技术能够提高速度，但要使企业从速度提升中收获新的价值则要求流程的改革。Gartner 指出，一些企业已经提高了数据分析的能力，现在正在革新各自的业务流程以收获速度，提升创造的最高价值。

"首席信息官们必须将流程设计融入大数据项目中（通常大数据项目旨在提高数据分析速度），只有这么做，才能确保企业在速度提升中收获最多裨益。"LeHong 总结道，在对大数据进行投资前，要保证评估团队清楚了解数据分析速度提高对企业运行效率的影响，并将这一认识当作企业案例对待。

大数据被誉为企业决策的"智慧宝藏"。面对大数据带来的不确定性和不可预测性，企业决策和运营模式正在发生颠覆性变革，传统的自上而下、依赖少数精英经验和判断的战略决策日渐式微，一个自下而上、依托数据洞察的社会化决策模式日渐兴起。

大数据被誉为科研第四范式。继实验归纳、模型推演和计算机模拟等范式之后，以大数据为基础的数据密集型科研从计算机模拟范式中分离出来，成为一种新的科研范式。以全样本、模糊计算和重相关关系为特征的大数据范式，不仅推动了科研方式的变革，而且推动了人类思维方式的巨大变革。

无论是国家大数据战略，还是企业决策的新模式，大数据无疑正在从理论逐渐走向管理实践。

在需求的驱动下，从理念共识上，企业在大数据上面主动升级，正在形成专门的大数据团队，期望对大数据进行挖掘分析，以做出更佳的商业决策。在大数据时代，我们通常需要 SOA 架构以适应不断变换的需求。大数据应用主要需要四种技术的支持：分析技术、存储数据库、NoSQL 数据库、分布式计算技术。大数据来源有传感器数据、视频、音频、医疗数据、药物研发数据、大量移动终端设备数据等。关于多系统数据的规范化，最好的方式就是建立数据仓库，让分散的数据统一存储。因此可以建立一个标准格式的数据转化平台，不同系统的数据经过数据转化平台的转化，转为统一格式的数据文件，便于采集。

一般可以通过机器学习方法建立预测模型。典型的机器学习方法包括：决策树方法、人工神经网络、支持向量机、正则化方法。多维数据分析与 OLTP 是两类不同的应用，OLTP 面对的是操作人员和低层管理人员，而多维数据分析面对的是决策人员和高层管理人员。

第五章 大数据应用模式和价值

第一节 大数据应用的一般模式

数据处理的流程包括产生数据，收集、存储和管理数据，分析数据，利用数据等阶段。大数据应用的业务流程也是一样的，包括产生数据、聚集数据、分析数据和利用数据四个阶段，只是这一业务流程是在大数据平台和系统上执行的。

一、产生数据

在组织经营、管理和服务的业务流程运行中，企业内部业务和管理信息系统产生了大量存储于数据库中的数据，这些数据库对应着每一个应用系统且相互独立，如企业资源计划（ERP）数据库、财务数据库、客户关系管理（CRM）数据库、人力资源数据库等。在企业内部的信息化应用中，也产生了非结构化文档、交易日志、网页日志、视频监控文件、各种传感器数据等非结构化数据，这是在大数据应用中可以被发现潜在价值的企业内部数据。企业建立的外部电子商务交易平台、电子采购平台、客户服务系统等帮助企业产生了大量外部的结构化数据。企业的外部门户、移动 App 应用、企业博客、企业微博、企业视频分享、外部传感器等系统帮助企业产生了大量外部的非结构化数据。

二、聚集数据

企业架构（EA）的三个核心要素是业务、应用和数据，业务架构描述业务流程和功能结构，应用架构描述处理工具的结构，数据架构是描述企业核心的数据内容的组织。企业内外部已经产生了大量的结构化数据、非结构化数据，需要将这些数据组织和聚集起来，建立企业级的数据架构，有组织地对数据进行采集、存储和管理。首先实现的是不同应用数据库之间的整合，这需要建立企业级的统一数据模型，实现企业主数据管理。所谓主数据是指企业的产品、客户、人员、组织、资金、资产等关键数据，通过这些主数据的属性及它们之间的相互关系能够建立企业级数据架构和模型。然后在统一模型的基础上，利用 ETL（提取、转换和加载）技术，将不同应用数据库中的数据聚集到企业级的数据仓库（DW），进而实现企业内部结构化数据的集成，这为企业商业智能分析奠定了一个很好的基础。面对企业内外部的非结构化数据，借助数据库和数据仓库的聚集，效果并不好。文档管理和知识管理是对非结构化文档进行处理的一个阶段，仅限于对文档层面的保存、归类和基于元数据的管理。更多非结构化文档的集聚，需要引入新的大数据的平台和技术，如分布式文件系统、分布式计算框架、非 SQL 数据、流计算技术等，通过这些技术来加强非结构数据的处理和集聚。内外部结构化、非结构化数据的统一集成则需要实现两种数据（结构化、非结构化）、两种技术平台（关系型数据库、大数据平台）的进一步整合。

三、分析数据

集成起来的企业数据是大容量、多种类的大数据，分析数据是提取信息、发现知识、预测未来的关键步骤。分析只是手段，并不是目的。企业内外部数据分析的目的是发现数据所反映的组织业务运行的规律，是创造业务价值。对于企业来说，可能基于这些数据进行客户行为分析、产品需求分析、市场营销效果分析、品牌满意度分析、工程可靠性分析、企业业务绩效分析、企业全面风险分析、企业文化归属度分析等；对于政府和其他事业机构，可以进行公众行为模式分析、经济预测分析、公共安全风险分析等。

四、利用数据

数据分析的结果，不仅仅是呈现给专业做数据分析的数据科学家，而是需要呈现给更多非专业人员才能真正发挥它的价值，客户、业务人员、高管、股东、社会公众、合作伙伴、媒体、政府监管机构等都是大数据分析结果的使用者。因此，大数据分析结果应当以不同专业角色、不同地位人员对数据表现的不同需求提供给他们，或许是上报的报表、提交的报告、可视化的图表、详细的可视化分析或者简单的微博信息、视频信息。数据被重复利用的次数越多，它所能发挥的价值就越大。

第二节　大数据应用的业务价值

维克托·迈尔·舍恩伯格认为大数据的重要价值在于建立数据驱动的关于大数据相关关系的分析，而独立在相关关系分析法基础上的预测是大数据的核心。大数据让我们知道"是什么"，也许我们还不明白为什么，但对瞬息万变的商业世界来说，知道是什么比知道为什么更为重要。大数据应用真正要实现的是"用数据说话"，而不是直觉或经验。总结起来，大数据应用的业务价值体现在三个方面：一是发现过去没有发现的数据潜在价值；二是发现动态行为数据的价值；三是通过不同数据集的整合创造新的数据价值。

一、发现大数据的潜在价值

在大数据应用的背景下，企业开始关注过去不重视、丢弃或者无能力处理的数据，从中分析潜在的信息和知识，用于以客户为中心的客户拓展、市场营销等。例如，企业在进行新客户开发、新订单交易和新产品研发的过程中，产生了很多用户浏览的日志、呼叫中心的投诉和反馈，这些数据过去一直被企业所忽视，通过大数据的分析和利用，这些数据能够为企业的客户关怀、产品创新和市场策略提供非常有价值的信息。

二、发现动态行为数据的价值

以往的数据分析只是针对流程结果、属性描述等静态数据，在大数据应用背景下，企业有能力对业务流程中的各类行为数据进行采集、获取和分析，包括客户行为、公众行为、企业行为、城市行为、空间行为、社会行为等。这些行为数据的获得，是根据互联网、物联网、移动互联网等信息基础设施所建立起来的对客观对象行为的跟踪和记录。这就使得大数据应用可能具备还原"历史"和预测未来的能力。

三、通过不同数据集的整合创造的数据价值

在互联网和移动互联网时代，企业收集了来自网站、电子商务、移动应用、呼叫中心、企业微博等不同渠道的客户访问、交易和反馈数据，把这些数据整合起来，得到关于客户的全方位信息，这将有助于企业给客户提供更有针对性、更贴心的产品和服务。随着技术的发展，更多场景下的数据被连接起来。连接，让数据产生了网络效应；互动，让数据的关系被激活，带来了更大的业务价值。无论是互联网和移动互联网数据的连接，内部数据和社交媒体数据的连接，线上服务和线下服务数据的连接，还是网络、社交和空间数据的连接等，不同数据源的连接和互动，使得人类有能力更加全方位、深入地还原和洞察真实的曾经复杂的"现实"。

大数据已成为全球商业界一项优先级很高的战略任务，因为它能够对全球新经济时代的商务产生深远的影响。大数据在各行各业都有应用，尤其在公共服务领域具有广阔的应用前景，如政府、金融、零售、医疗等行业。

四、互联网与电子商务行业

互联网和电子商务领域是大数据应用的主要领域，主要需求是互联网访问用户信息记录、用户行为分析，并基于这些行为分析实现推荐系统、广告追踪。

（一）用户信息记录

在 Web 3.0 和电子商务时代，互联网、移动互联网和电子商务上的用户，大部分是注

册用户，通过简单的注册，用户拥有了自己的账户，互联网企业则拥有了用户的基本资料信息，网站具有用户名、密码、性别、年龄、移动电话、电子邮件等基本信息，社交媒体的用户信息内容更多，如新浪微博中用户可以填写自己的昵称、头像、真实姓名、所在地、性别、生日、自我介绍、用户标签、教育信息、职业信息等信息，在微信或者 QQ 客户端上可以填写头像、昵称、个性签名、姓名、性别、英文名、生日、血型、生肖、故乡、所在地、邮编、电话、学历、职业、语言、手机号码等。移动互联网用户的信息与手机绑定，可以获得手机号码、手机通信录等用户信息。由于互联网用户在上网期间会留下更多的个人信息，如朋友圈中记录关于家庭、妻子、儿女、个人爱好、同学、同事等信息，在互联网企业的用户数据库中的用户信息会越来越完整。

（二）用户行为分析

用户访问行为的分析是互联网和电子商务领域大数据应用的重点。用户行为分析可以从行为载体和行为的效果两个维度进行分类。从用户行为的产生方式和载体来分析用户行为主要包括以下几点。

1. 量标点击和移动行为分析

在移动互联网之前，互联网上最多的用户行为基本都是通过量标来完成的，分析量标点击和移动轨迹是用户行为分析的重要部分。目前，国内外很多大公司都有自己的系统，用于记录和统计用户量标行为。据了解，目前国内的很多第三方统计网站也可以为中小网站和企业提供量标移动轨迹等记录。

2. 移动终端的触摸和点击行为

随着新兴的多点触控技术在智能手机上的广泛应用，触摸和点击行为能够产生更加复杂的用户行为，因此对此类行为进行记录和分析就变得尤为重要。

3. 键盘等其他设备的输入行为

此键盘等设备主要是为了满足不能通过简单点击等进行输入的场景，如大量内容输入。键盘的输入行为不是用户行为分析的重点，但键盘产生的内容却是大数据应用中内容分析的重点。

4. 眼球移动和停留行为

基于此种用户行为的分析在国外比较流行，目前在国内的很多领域也有类似用户研究的应用，通过研究用户的眼球移动和停留等，产品设计师可以更容易了解界面上哪些元素更受用户关注，哪些元素设计得合理或不合理等。

基于以上四类媒介，用户在不同的产品上可以产生千奇百怪、形形色色的行为，可以通过对这些行为的数据记录和分析更好地指导产品开发和用户体验。

（三）基于大数据相关性分析的推荐系统

亚马逊（Amazon）建立推荐系统是互联网和电子商务企业的重要大数据应用。推荐系统已经在电子商务企业中得到广泛应用，亚马逊、当当网等电子商务企业就是根据大量的用户行为数据的相关性分析为读者推荐相关商品的，例如，根据同样的兴趣爱好者的付费购买行为，为用户推荐商品，以同理心来刺激购物消费。有关数据显示，亚马逊、当当网等电子商务企业近 1/3 的收入来自它的个性化推荐系统。

推荐系统的基础是用户购买行为数据，处理数据的基本算法在学术领域被称为"客户队列群体的发现"，队列群体在逻辑和图形上用链接表示，队列群体的分析很多都涉及特殊的链接分析算法。推荐系统分析的维度是多样的，例如，可以根据客户的购物喜好为其推荐相关商品，也可以根据社交网络关系进行推荐。如果利用传统的分析方法，需要先选取客户样本，把客户与其他客户进行对比，找到相似性，但是推荐系统的准确率较低。采取大数据分析技术极大提高了分析的准确率。

（四）网络营销分析

电子商务网站一般都记录每次用户会话中每个页面事件的海量数据。这样就可以在很短的时间内完成一次广告位置、颜色、大小、用词和其他特征的试验。当试验表明广告中的这种特征更改促成了更好的点击行为，这个更改和优化就可以实时实施。从用户的行为分析中，可以获得用户偏好，为广告投放选择时机。如通过微博用户分析，获悉用户在每天的 4 个时间点最为活跃：早起去上班的路上、午饭时间、晚饭时间、睡觉前。掌握了这些用户行为，企业就可以在对应的时间段做某些针对性的内容投放和推广等。病毒式营销是互联网上的用户口碑传播，这种传播通过社交网络像病毒一样迅速蔓延传播，使得它成为一种高效的信息传播方式。对于病毒式营销的效果分析是非常重要的，不仅可以及时掌握营销信息传播所带来的反应（例如对于网站访问量的增长），也可以从中发现这项病毒式营销计划可能存在的问题，以及可能进行的改进思路，积累这些经验为下一次病毒式营销计划提供参考。

（五）网络运营分析

电子商务网站，通过对用户的消费行为和贡献行为产生的数据进行分析，可以量化很多指标服务于产品各个生产和营销环节，如转化率、客单价、购买频率、平均毛利率、用户满意度等指标，进而为产品客户群定位或市场细分提供科学依据。

（六）社交网络分析

社交网络系统（SNS）通常有三种社交关系：一是强关系，即我们关注的人；二是弱关系，即我们被松散连接的人，类似朋友的朋友；三是临时关系，即我们不认识但与之临时产生互动的人。临时关系是人们没有承认的关系，但是会临时性联系的，比如我们在 SNS 中临时评论的回复等。基于大数据分析，能够分析社交网络的复杂行为，能够帮助互联网企业建立起用户的强关系、弱关系甚至临时关系图谱。

（七）基于位置的数据分析和服务

很多互联网应用加入了精确的全球定位系统（GPS），精确位置追踪为 GPS 测定点附近其他位置的海量相关数据的采集、处理和分析提供了手段，从而丰富了基于位置的应用和服务。

五、零售业

零售业大数据应用需求目前主要集中在客户行为分析，通过大数据分析来改善和优化货架商品摆放、客户营销等。沃尔玛是零售业大数据应用的标杆。

（一）货架商品关联性分析

沃尔玛基于一个庞大的客户交易数据库，对顾客购物行为进行分析，了解顾客购物习惯，发现其中的共性规律。两个著名的应用案例是："啤酒—纸尿裤关联销售"和"手电筒和蛋挞的关联销售"。沃尔玛的大数据分析发现，啤酒和纸尿裤摆放在一起销售的效果很好，背后的原因是年轻爸爸一般在买纸尿裤的时候，要犒劳一下自己，买一打啤酒。另一个是手电筒和蛋挞的例子，沃尔玛的大数据分析显示，在飓风季，手电筒和蛋挞的销量数据都很高。结合这一特点，在飓风季，沃尔玛把手电筒和蛋挞摆在一起可以大幅增加销量。

（二）精准营销

零售业企业需要根据顾客购买行为的交易数据进行客户群分类，把客户群分为品质性顾客、友善性顾客和理性顾客，并针对不同顾客的诉求进行产品的针对性推荐。沃尔玛实验室也开始尝试使用客户的脸书（Facebook）好友喜好和推特（Twitter）发布的内容来进行数据分析，发现顾客的爱好、生日、纪念日等有价值的信息，进行礼品推荐，实现智能销售。

一个典型的零售业大数据分析用于精准营销的案例是，美国折扣零售商塔吉特著名的顾客怀孕预测。塔吉特公司分析认为，最会买东西的顾客是妇女，而妇女中的黄金顾客群是孕妇。为了吸引顾客中的孕妇，塔吉特通过顾客购买行为的大数据分析找出一些有价值的信息，预测那些买没有刺激性的化妆品、经常补钙的客户可能是孕妇。根据这一结果，商场把一些孕妇产品广告发送到顾客那里，同时把一些促销品广告也杂七杂八地塞在里面，事实证明，尽管确实有出错的时候，然而从整体上看，营销效果很好。沃尔玛收购了大数据分析创业公司 Inkiru———家专注于大数据的数据分析服务商，帮助公司更加系统地评估和分析客户行为、客户转化率、广告跟踪等，提高市场营销的水平。

六、金融业

金融行业应用系统的实时性要求很高，积累了非常多的客户交易数据，因此金融行业大数据应用的主要需求是客户行为分析、金融风险分析等。

（一）基于大数据的客户行为分析

1. 基于客户行为分析的精准营销

招商银行利用客户刷卡、存取款、电子银行转账、微信评论（连接到腾讯网的数据）等客户行为数据的研究，每周给顾客发送针对性广告信息，里面有顾客可能感兴趣的产品和优惠信息。花旗银行在亚洲有超过250名的数据分析人员，并在新加坡创立了一个"创新实验室"，专门进行大数据相关的研究和分析。花旗银行所尝试的领域已经开始超越自身的金融产品和服务的营销。比如，新加坡花旗银行会基于消费者的信用卡交易记录，有针对性地给他们提供商家和餐馆优惠信息。如果消费者订阅了这项服务，他刷了卡之后，花旗银行系统将会根据此次刷卡的时间、地点和消费者之前的购物、饮食习惯，为其进行推荐。比如，此时接近午餐时间，而消费者喜欢意大利菜，花旗银行就会发来周边一家意大利餐厅的优惠信息，更重要的是，这个系统还会按照消费者采纳推荐的概率，来不断优化从而提升推荐的质量。通过这样的方式，花旗银行保持客户的高黏性，并从客户刷卡消费中获益。

2. 基于客户行为分析的产品创新

数据网贷是金融大数据应用的一个重要方向。我国很多中小企业从银行贷不了款，因为他们没有担保。阿里巴巴公司根据淘宝网上的交易数据情况筛选出财务健康和诚信的中小企业，对这些企业不需要担保就可以进行贷款。目前阿里巴巴已放贷300多亿元，坏账率仅为0.3%。

3. 基于客户行为分析的客户满意度分析

花旗银行收集客户对信用卡的反馈和需求数据，来评价信用卡服务满意度。反馈数据可能是来自电子银行网站或者呼叫中心的关于信用卡安全性、方便性、透支情况等方面的投诉或者反馈，需求可能是关于信息卡在新的功能、安全性保护等方面的新诉求。根据这些数据，他们分析信用卡满意度，并优化和改进服务。

4. 基于大数据分析的投资

华尔街"德温特资本市场"公司对接推特（Twitter），分析全球3.4亿推特账户留言，判断民众情绪。人们高兴的时候会买股票，而焦虑的时候会抛售股票。依此决定公司股票的买入或卖出，获得较高的收益率。期货公司依据卫星遥感大数据，分析黑龙江农业主产区的丰收情况，进而确定期货操作策略，也获得了较高的收益。

（二）基于大数据分析的金融风险管理

1. 金融风险分析

在评价金融风险时很多数据源可以调用，如来自客户经理、手机银行、电话银行服务、客户日常经营等方面的数据，也包括来自监管和信用评价部门的数据。在一定的风险分析模型下，这些数据源可以帮助银行机构预测金融风险。例如，一笔贷款风险的数据分析，其数据源范围就包括偿付历史、信用报告、就业数据和财务资产披露的内容等。

2. 金融欺诈行为监测和预防

账户欺诈是一种典型的操作风险，会对金融秩序产生重大影响。在许多情况下，大数据分析可以发现账户的异常行为模式，进而监测到可能的欺诈。

保险欺诈也是全球各地保险公司面临的一个挑战。无论是大规模欺诈，如纵火，或者涉及较小金额的索赔，又如虚报价格的汽车修理账单，欺诈索赔的支出每年可使企业支付数百万美元的费用，而且成本会以更高保费的形式转嫁给客户。

3. 信用风险分析

征信机构益百利根据个人信用卡交易记录数据，预测个人的收入情况和支付能力，防范信用风险。中英人寿保险公司通过个人信用报告和消费行为分析，来找到可能患有高血压、糖尿病和抑郁症的人，发现客户健康隐患。

七、医疗业

医疗业大数据应用的当前需求主要来自新兴基因组学测序分析、健康趋势分析、医疗电子健康档案分析、可穿戴设备的健康数据分析等。

（一）基因组学测序分析

基因组学是大数据在医疗健康行业最经典的应用。基因测序的成本在不断降低，同时产生着海量数据。DNAnexus、Bina Technology、Appistry 和 NextBio 等公司正通过高级算法和大数据来加速基因序列分析，进而让发现疾病痊愈的过程变得更快、更容易和更便宜。

（二）健康趋势分析

求医的病人首先需要选择专科，在一家名为 Zocdoc 的网站上，通过对用户选择专科的数据分析，发现不同城市在一个阶段居民对健康领域的关注点，例如"皮肤""牙齿"等及其他信息，从而预测该阶段和该地区的健康趋势。例如，11 月份是流感医生预约最频繁的时段，3 月份是鼻科医生预约高峰期。事实上，众多预约挂号平台都能够记录和分析这些数据。

（三）医疗电子健康档案分析

一家名为 Apixio 的创业公司正将散布在医院的各个部门、格式各异、标准各异的病历集中到云端，医生可通过语义搜索查找任何病历中的相关信息，从而为医学诊断提供更加丰富的数据。CAT 扫描是作为人体"切片"拍摄的图像的堆叠，一家医学大数据分析公司正在对大型 CAT 扫描库进行分析，帮助对医疗问题及其患病率进行自动诊断。

（四）可穿戴设备健康数据分析

智能戒指、手环等可穿戴设备可以采集人体的血压、心率等生理健康数据，并把它实时传送到健康云，并根据每个人的健康数据提供健康诊疗的建议。越来越多的用户健康数据的汇聚和分析，将能够形成对一个地区医疗健康水平的分析和判断。

八、能源业

能源业大数据应用的需求主要表现在智能电网应用、石油企业大数据分析等方面。

（一）智能电网应用

在智能电网中，智能电表能做的远不只是生成客户电费账单的每月读数。通过将客户读数频率大幅缩短，例如，每秒每只表一次，可以进行很多有用的大数据分析，包括动态负载平衡、故障响应、分时电价和鼓励客户提高用电效率的长期策略。一家采用智能电表的美国供电公司，每隔几分钟就会将区域内用电用户的大宗数据发送到后端集群当中，集群会对这些数亿条数据进行分析，分析区域用户用电模式和结构，并根据用电模式来调配区域电力供应。在输电和配电端的传感网络，能够采集输配电中的各种数据，并基于既定模型进行稳态分析、动态分析、暂态分析、仿真分析等，为输配电智能调度提供可靠依据。

（二）石油企业大数据分析

大型跨国石油企业业务范围广，涉及勘探、开发、炼化、销售、金融等业务类型，区域跨度大，油田分布在沙漠、戈壁、高原、海洋，生产和销售网络遍及全球，而其IT基础设施逐步采用了全球统一的架构，因此，他们已经率先成为大数据的应用者。例如，雪佛龙公司建立了一个全球的IT基础设施结构，称为"全球信息交换网络畅通项目"，建立全球统一的计算机、网络、服务器标准、存储标准和IT服务标准，雪佛龙拥有超过10000台服务器，每天大约新产生2 TB的数据，每秒新产生23 MB数据，每天处理100万个电子邮件消息。面对海量大数据，雪佛龙公司率先采用Hadoop等大数据技术，通过分类和处理海洋地震数据，推测出石油储备状况。在油田勘探和开发中，对每个钻井和油田的开发都需要非常复杂的勘测、计算和预测，勘探数据的存储、共享、搜索和分析挖掘也是一个典型的大数据应用。

九、制造业

制造业大数据应用的需求主要是产品需求分析、产品故障诊断与预测、供应链分析和优化、工业物联网分析等。

（一）产品需求分析

大数据在客户和制造企业之间流动，挖掘这些数据能够让客户参与到产品的需求分析和产品设计中，为产品创新做出贡献。例如，福特福克斯电动车在驾驶和停车时产生大量数据。在行驶中，司机持续地更新车辆的加速度、刹车、电池充电和位置信息。这对于司机很有意义，然而数据也传回福特工程师那里，以了解客户的驾驶习惯，包括如何、何时及何处充电。即使车辆处于静止状态，它也会持续将车辆胎压和电池系统的数据传送给最近的智能电话。这种以客户为中心的场景具有多方面的好处，因为大数据实现了宝贵的新型协作方式。司机获得有用的最新信息，而位于底特律的工程师汇总关于驾驶行为的信息，以了解客户，制订产品改进计划，实施新产品创新，并且电力公司和其他第三方供应商也可以分析数百万英里的驾驶数据，以决定在何处建立新的充电站，以及如何防止脆弱的电网超负荷运转。

（二）产品故障诊断与预测

无所不在的传感器技术的引入使得产品故障实时诊断和预测成为可能。在波音公司的飞机系统的案例中，发动机、燃油系统、液压和电力系统数以百计的变量组成了在航状态，不到几微秒就被测量和发送一次。这些数据不仅仅是未来某个时间点能够分析的工程遥测数据，而且促进了实时自适应控制、燃油使用、零件故障预测和飞行员通报，从而能有效实现故障诊断和预测。

（三）供应链分析和优化

在供应链上积累了大量合作伙伴的数据。以海尔公司为例，它的供应链体系很完善，以市场链为纽带，以订单信息流为中心，带动物流和资金流的运动，整合全球供应链资源和全球用户资源。在海尔供应链的各个环节，客户信息、企业内部信息、供应商信息被汇总到供应链体系中，通过供应链上的大数据采集和分析，海尔公司能够持续进行供应链改进和优化，保障了海尔对客户的敏捷响应。

（四）工业物联网分析

现代化工业制造生产线安装有数以千计的小型传感器，来探测温度、压力、热能、振动和噪声。由于每隔几秒就收集一次数据，利用这些数据可以实现很多形式的分析，包括设备诊断、用电量分析、能耗分析、质量事故分析（包括违反生产规定、零部件故障）等。

十、电信运营业

运营商的移动终端、网络管道、业务平台、支撑系统中每天都在产生大量有价值的数据，基于这些数据的大数据分析为运营商带来巨大的机遇。目前看来，电信运营业大数据应用集中在客户行为分析、网络优化、安全智能等方面。

（一）客户行为分析

运营商的大数据应用和互联网企业很相似，客户分析是其他分析的基础。基于统一的客户信息模型，运营商收集来自各种产品和服务的客户行为信息，并进行相应服务改进和网络优化。如分析在网客户的业务使用情况和价值贡献，分析、跟踪成熟客户的忠诚度及深度需求（包括对新业务的需求），分析、预测潜在客户，分析新客户的构成及关键购买因素（KBF），分析通话量变化规律及关键驱动因素，分析欲换网客户的换网倾向与因素，建立、维护离网客户数据库，开展有针对性的客户保留和赢回。用户行为分析在流量经营中起重要的作用，用户的行为结合用户视图、产品、服务、计费、财务等信息进行综合分析，得出细粒度、精确的结果，实现用户个性化的策略控制。

（二）网络优化

网络管理维护优化是进行网络信令监测，分析网络流量、流向变化、网络运行质量，并根据分析结果调整资源配置；分析网络日志，进行网络优化和故障定义。随着运营商网络数据业务流量快速增长，数据业务在运营商收入所占比重不断增加，流量与收入之间的不平衡也越发突出，智能管道、精细化运营成为运营商突破困境的共识。网络管理维护和优化成为精细化运营中的一个重要基础。传统的信令监测尤其是数据信令监测已经面临"瓶颈"，以某运营商的省公司为例，原始数据信令达到 1 TB/ 天，以文件形式保存，而处理之后生成的 xDR（x Detail Record）数据量达到 550 GB/ 天，以数据库形式保存。通常这些数据需要保存数天甚至数月，传统文件系统及传统关系数据库处理这么大的数据量显得捉襟见肘。面对信令流量快速增长、扩展困难、成本高的情况，采用大数据技术数据存储量不受限制，可以按需扩展，同时可以有效处理达 PB 级的数据，实时流处理及分析平台保证实时处理海量数据。智能分析技术在大数据的支撑下将在网络管理维护优化中发挥积极作用，网络维护的实时性将得到提升，事前预防成为可能。比如，通过历史流量数据及专家知识库结合，生成预警模型，可以有效识别异常流量，防止出现网络拥堵或者病毒传播等异常。

（三）安全智能

运营商服务网络的安全监测和预警也是大数据应用的一个重要领域。基于大数据收集来自互联网和移动互联网的攻击数据，提取特征，并进行监测，进而保障网络的安全。

十一、交通业

（一）交通流量分析与预测

大数据技术能促进提高交通运营效率、道路网的通行能力、设施效率和调控交通需求分析。大数据的实时性，使处于静态闲置的数据被处理和需要利用时，即可被智能化利用，使交通运行更加合理。大数据技术具有较高的预测能力，可降低误报和漏报的概率，随时针对交通的动态性给予实时监控。因此，在驾驶者无法预测交通的拥堵可能性时，大数据也可帮助用户预先了解。

（二）交通安全水平分析与预测

大数据技术的实时性和可预测性则有助于提高交通安全系统的数据处理能力。在驾驶员自动检测方面，驾驶员疲劳视频检测、酒精检测器等车载装置将实时检测驾车者是否处于警觉状态，行为、身体与精神状态是否正常。同时，联合路边探测器检查车辆运行轨迹，大数据技术快速整合各个传感器数据，构建安全模型后综合分析车辆行驶安全性，从而可以有效降低交通事故的可能性。在应急救援方面，大数据以其快速的反应时间和综合的决策模型，为应急决策指挥提供辅助，提高应急救援能力，减少人员伤亡和财产损失。

（三）道路环境监测与分析

大数据技术在减轻道路交通堵塞、降低汽车运输对环境的影响等方面有重要的作用。通过建立区域交通排放的监测及预测模型，共享交通运行与环境数据，建立交通运行与环境数据共享试验系统，大数据技术可有效分析交通对环境的影响。同时，分析历史数据，大数据技术能提供降低交通延误和减少排放的交通信号智能化控制的决策根据，建立低排放交通信号控制原型系统与车辆排放环境影响仿真系统。

第三节　大数据应用的共性需求

随着互联网技术的不断发展，大数据在各个行业领域中的应用都将趋于复杂化，人们亟待从这些大数据中挖掘有价值的信息，然而大数据在这些行业中应用的一些共性需求特征，能够帮助我们更清晰、更有效地利用大数据。大数据在企业中应用的共性需求主要有业务分析、客户分析、风险分析等。

一、业务分析

企业业务绩效分析是企业大数据应用的重要内容之一。企业从内部 ERP 系统、业务系统、生产系统等中获取企业内部运营数据，从财务系统或者上市公司年报中获取财务等有利用价值的数据，通过对这些数据分析企业业务和管理绩效，为企业运营提供全面的洞察力。

企业最重要的业务是产品设计，产品是企业的核心竞争力，而产品设计需求必须紧跟市场，这也是大数据应用的重要内容。企业利用行业相关分析、市场调查甚至社交网络等信息渠道的相关数据，利用大数据技术分析产品需求趋势，使得产品设计紧跟市场需求。此外，企业大数据应用在产品的营销环节、供应链环节以及售后环节均有涉及，帮助企业产品更加有效地进入市场，为消费者所接受。通过对企业内外部数据的采集和分析，并利用大数据技术进行处理，能够更加准确地反映企业业务运营的现状、差距，并对未来企业目标的实现进行预测和分析。

二、客户分析

在各个行业中，大数据应用大部分是用于满足客户需求，企业希望大数据技术能够更好地帮助企业了解和预测客户行为，并改善客户体验。客户分析的重点是分析客户的偏好以及需求，达到精准营销的目的，并且通过个性化的客户关怀维持客户的忠诚度。数据时代咨询公司研究显示企业基于大数据对客户分析主要表现在三个方面：全面的客户数据分析、全生命周期的客户行为数据分析、全面的客户需求数据分析。这些客户大数据分析可以帮助企业更好地了解客户，进而帮助企业进行产品营销、精准推荐等。

1. 全面的客户数据分析

全面的客户数据是指建立统一的客户信息号和客户信息模型，通过客户信息号，可以查询客户各种相关信息，包括相关业务交易数据和服务信息。客户可以分为个人客户和企业客户，客户不同，其基本信息也不同。比如，个人客户登记姓名、年龄、家庭地址等个人信息，企业客户登记公司名称、公司注册地、公司法人等信息。同时，个人客户和企业客户的共同特点包括客户基本信息和衍生信息，基本信息包括客户号、客户类型、客户信用度等，衍生信息不是直接得到的数据，而是由基本信息衍生分析出来的数据，如客户满意度、贡献度、风险性等。

2. 全生命周期的客户行为数据分析

全生命周期的客户行为数据是指对处于不同生命周期阶段的客户的体验进行统一采集、整理和挖掘，分析客户行为特征，挖掘客户的潜在价值。客户处于不同生命周期阶段对企业的价值需求有所不同，需要采取不同的管理策略，将客户的价值最大化。客户全生命周期分为客户获取、客户提升、客户成熟、客户衰退和客户流失五个阶段。在每个阶段，客户需求和行为特征都不同，对客户数据的关注度也不相同，对这些数据的掌握，有助于企业在不同阶段选择差异化的客户服务。

在客户获取阶段，客户的需求特征表现得比较模糊，客户的行为模式表现为摸索、了解和尝试。在这个阶段，企业需要发现客户的潜在需求，努力通过有效渠道提供合适的价值定位来获取客户。在客户提升阶段，客户的行为模式表现为比较产品性价比、询问产品安装指南、评论产品使用情况以及寻求产品的增值服务等。这个阶段企业要采取的对策是把客户培养成为高质量客户，通过不同的产品组合来刺激客户的消费。在客户成熟阶段，客户的行为模式表现为反复购买、与服务部门的信息交流，向朋友推荐自己所使用的产品。这个阶段企业要培养客户忠诚度和新鲜度并进行交叉营销，给客户更加差异化的服务。在客户衰退阶段，客户的行为模式是较长时间的沉默，对客户服务进行抱怨，了解竞争对手的产品信息等。这个阶段企业应该思考如何延长客户生命周期，建立客户流失预警，设法挽留住高质量客户。在客户流失阶段，客户的行为模式是放弃企业产品，开始在社交网络给予企业产品负面评价。这个阶段企业需要关注客户情绪数据，思考如何采取客户关怀和让利挽回客户。

3. 全面的客户需求数据分析

全面的客户需求数据分析是指通过收集客户关于产品和服务的需求数据，让客户参与产品和服务的设计，进而促进企业服务的改进和创新。客户对产品的需求是产品设计的开始，也是产品改进和产品创新的原动力。收集和分析客户对产品需求的数据，包括外观需求、功能需求、性能需求、结构需求、价格需求等。这些数据可能是模糊的、非结构化的，然而对于产品设计和创新而言却是十分宝贵的信息。

三、风险分析

　　企业关于风险的大数据应用主要是指对安全隐患的提前发现、市场以及企业内部风险提前预警等。企业首先要对内部各个部门、各个机构的系统、网络以及移动终端的操作内容进行风险监控和数据采集，针对具有专门互联网和移动互联网业务的部门，也要对其操作内容和行为进行专门的数据采集。数据采集亟待解决的问题有：企业的经营活动；各经营活动中存在的风险；记录或采集风险数据的方法；风险产生的原因；每个风险的重要性。其次要实时关注有关市场风险、信用风险和法律风险等外部风险数值，获得这些内外部数据之后，要对风险进行评估和分析，关注风险发生的概率大小、风险概率情况等。通过大数据技术对风险分析之后，就需要对风险进行缩减、转移、规避等策略，选择最佳方案，最终将风险最小化。

第六章 交通数据资源

第一节 大数据时代下的城市交通

一、城市交通建设

对于交通规划和建设决策、方案的制定，需要对交通系统的发展和演变过程进行准确的把握。不仅需要关注交通需求总量的变化，而且需要了解交通需求的结构；不仅需要关注道路交通设施的建设，还需要加强道路交通系统与地面公交系统、轨道交通系统等之间的有效衔接。因此，需要利用城市交通大数据资源和分析技术，全面分析城市综合交通系统的现状和发展趋势，为交通规划方案制订、交通建设项目的可行性研究提供决策依据。

（一）交通规划过程中的决策与信息分析

一方面，随着城市空间范围的拓展，在城市外围形成了以中低收入居民为主的新城和大型居住社区，而这些区域通常是公共交通服务薄弱的地区，这就要求城市公共交通系统在兼顾运营经济性的同时，针对快速发展地区进行有效的扩展。另一方面，随着城市产业结构空间布局的调整，中心城区越来越多的土地从第二产业用地转变为第三产业用地。这意味着中心城区的就业岗位数量将进一步增加，加上中心城区居住人口总量的不断下降，城市职住分离情况有可能进一步加剧。由此产生的交通需求主要为商务、游憩活动，具有高频率、时效反应敏感等特征。

随着快速城镇化的不断推进，城市交通正在从单一城市的交通向具有紧密关联性的城市群交通体系转变，从通勤交通占有主导地位向非日常交通占据重要份额转变，从以建设手段为主向采用包含政策等软对策手段的组合对策设计转变，从单一的数量保障向满足多样化需求转变。城市交通的快速变化使传统经验难以应对，以"四阶段法"为代表的传统交通系统分析理论在决策分析过程中也面临诸多困难。

城市交通规划设计技术体系涉及许多项目工作，可以分为交通规划类、交通工程前期类以及交通专题研究类三种。城市交通规划业务是在交通模型分析技术的支撑下进行的。交通模型分析技术应用的初期阶段主要是为避免耗资巨大的交通基础设施所面临的较大经济风险，依托交通模型分析为科学慎重的决策提供支持，在交通调查数据的支持下，交通模型工程师采用选定的模型架构（包括"四阶段"交通需求预测模型、网络交通流分析模型、交通行为分析模型等），进行适当的技术组合完成建模工作，并依托实测数据对模型参数加以标定。由于交通模型在传统城市交通决策分析中占有主导性技术地位，因此对交通模型可信度提出了较高的要求。尽管交通模型理论与技术经过几十年的发展，在说明能力和预测能力上有了长足进步，但是交通模型技术与期望水平仍然具有较大的差距。总体来看，传统交通模型分析技术存在以下不足：第一，城市居民出行数据主要通过 5~10 年一次的综合交通调查获得，抽样率为 2%~5%，数据调查组织复杂，工作量大，精度难以把握，而且只能采用 1 日调查数据构建现状 OD 矩阵，存在数据代表性弱、时效性较差和调查误差较大等问题。我国正处于快速城镇化阶段，人口流动量大、土地利用变更频繁，传统出行调查方法很难跟上交通需求的更新步伐。第二，城市与交通系统的发展演变，使交通决策面临的问题变得更加复杂。决策者不仅要关注交通需求的数量，还要关注市场细分后不同类型需求的结构；不仅要关注交通流在网络上的分布，而且要关注不同类型参与者对于各种政策的响应；不仅要研究某种方式自身交通流的变化，而且需要研究综合交通系统中各种交通方式的相互作用和流量转移。

大数据技术的发展为城市交通分析技术带来了新的机遇，包括以下两个方面。

（1）在交通需求数据获取方面，通过大样本甚至全样本的连续观测，以及多源交通检测数据的融合，可以对交通需求现状进行全面描述，对交通系统发展趋势做出较为准确的判断。

（2）在交通分析方法方面，面对问题的日益复杂化，决策分析需求要求人们逐渐摆脱交通模型思维束缚，交通数据分析工程师逐步从后台走向前台，试图从交通系统的海量数据中寻求对研究对象更加深刻的认识。根据从中挖掘出来的内在关联性判断未来的走向和趋势，依托从信息中不断提炼出来的新知识支持决策判断。

（二）城市交通的战略调控与决策分析

城市交通战略调控是指通过政策控制、服务引导、设施理性供给等手段，对系统演变过程进行相应的干预。根据可持续发展理念设定目标，在连续观测信息环境支持下对系统的发展轨迹进行监测，针对系统偏离期望轨迹的演变，采用多种组合对策进行及时的调控，而这一切是建立在对系统演变规律的认识基础上的，因此是一个不断深化的过程。

城市交通战略调控包括需求和供给两个方面。由于资源和环境的制约，城市交通不可能无节制地满足无序的增长需求，必须对不合理的要求加以节制，以保障合理需求得到必要的满足，这就是受控需求的概念，也是传统需求管理概念的一个扩展。对于供给来说，不仅需要关注直面的需求问题，而且需要考虑城市交通模式的演化问题，避免在解决问题的同时制造更大的问题。供需之间的关系不是简单的平衡，而是演化与调控，这意味着二者处于动态互动的过程中。因此，把握交通发展趋势、深化交通规律的认识、在实践中提升对策作用的认识、协同考虑对策方案的设计，是交通规划建设、服务引导、管理控制、政策调节等工作的基础。

战略调控决策分析的核心是消除判断的模糊性，从而达到决策的精细化、科学化，以及形成共识的目的。以推进城市公交系统建设为例，城市公交发展的战略目标：其一是通过公交引导用地开发的模式，引导城市空间结构形成可持续发展的架构；其二是通过提升公共交通服务水平，形成比较竞争力，引导城市交通模式向可持续方向演化。而实现手段包括正确的规划指导、合理的资源配置、优化的运行管理及有效的政策保障。尽管这些对策获得了理念上的认同和许多实践经验，但是由于涉及多方面关系协调和利益平衡、需求动态变化等问题，其决策过程需要降低判断模糊性，提高说服力，由此产生对决策分析更高的技术要求。

面对推进公交优先决策分析需求，现有研究成果尚不能有效完成相应分析任务。公共交通系统分析的已有研究成果，主要有以下两种类型。

（1）基于 OD（公交客流）的公交网络客流分析技术与道路网络交通流模型相比，其主要特点为网络本身具有随机属性特征，以及多组群、多准则、多模式的乘客随机选择行为。由于在抽样调查基础之上建模，因此如何避免模型标定中"失之毫厘"导致"差之千里"，成为应用中的难题。

（2）离散交通选择行为模型在意愿调查基础之上的非集计交通行为模型已经发展成为一个比较完善的体系。针对多项 Logit 模型（评定模型）的缺陷，巢式 Logit 模型、排序 Logit 模型等已经在交通方式选择等问题中得到较为广泛的应用。实际调查数据（Revealed Preference Data，RP）、意向调查数据（Stated Preference Data，SP）联合建模等问题也都取得了重要的研究成果。基于活动的交通行为模型，引入个体生活行为，包含了不同维数的多个意愿决策，从时间和空间两个方面说明选择机理和约束机制。由于这类模型作为基础的意愿调查难以以大规模和高频率进行，以及偏好、态度等因素影响造成模型缺乏时间和空间上可移植性等问题，限制了其适用范围。

二、城市交通管理

所谓交通管理，主要指的是通过分析交通需求结构的组成、不同出行者的行为偏好特征，并以此为依据转移和调整交通方式，继而缓解城市交通拥堵。

（一）交通系统运行状态诊断

道路交通可以分为断面、路段和区段三个层次，断面、路段是构成区段的基础，也是交通状态分析的基本单元。

1.断面交通状态识别

断面交通状态识别是结合断面交通流数据确定该断面交通状态所归属的类别（如拥堵、畅通），因此，需要确定类别划分数量及一个具体断面状态的归属判别方法。

2.根据断面交通状态判别路段交通状态

根据路段上下游检测断面的交通状态判别结果，总体上可将路段交通状态分为四种模式：模式 1（上游畅通—下游畅通）、模式 2（上游拥堵—下游拥堵）、模式 3（上游拥堵—下游畅通）、模式 4（上游畅通—下游拥堵）。城市快速道路上检测断面的间距较大（一般为 400 米以上），两个检测断面之间往往存在上下匝道，由于道路条件变化很大，所以需要划分成多个基本路段。当路段交通状态处于模式 3 和模式 4 且夹有匝道时，精细分析拥堵影响及确定"瓶颈"位置会遇到困难。

3. 道路区段拥堵特征表达

在路段交通状态分析的基础上，可以采用时空图来分析由数个路段组成的区段拥堵的变化情况，时空图可以清晰地说明一天之内拥堵的时空分布，但是很难挖掘较长时间（如一个月）的拥堵变化规律。为了更好地描述拥堵状态的演变，可以定义两个概念：第一，拥堵态势，采用某种特征指标描述道路区段的拥堵程度。第二，拥堵模式，拥堵程度指标日变曲线的分类。对于道路区段的拥堵状态可以采用多种指标，如通常所用的密度、速度，或者延误等，采用主因子分析方法可以对多个指标进行恰当综合形成拥堵指数。

（二）交通需求管理与信息分析

由于讨论问题范围的差异，国内外相关文献对于交通需求管理（Transportation/Travel/Traffic Demand Management，TDM）定义和概念的表述也不尽相同，但其核心思想是一致的，即交通需求管理是在满足资源和环境容量限制的条件下，使交通需求和交通的供给达到基本平衡，满足城市的可持续发展目的的各种管理手段。迈克尔·迈耶（Michael Meyer）认为 TDM 起源于 20 世纪 70 年代末，是在 TDM 策略范围不断扩大的基础上于 1975 年开始初步形成的概念。专家将 TDM 解释为拥堵管理，认为这几种说法的概念是相同的，并给出了简单的定义：TDM 是通过限制小汽车使用、提高载客率、引导交通流向平峰和非拥堵区域转移、鼓励采取使用公共交通等一系列措施，达到高峰时交通拥堵缓解的需求管理政策总和。城市交通拥堵成因可以分别从城市空间布局、车辆拥有及使用、交通基础设施供给、道路交通管控、交通政策调控、公共交通服务水平、公众现代交通意识多方面加以分析。交通需求管理等政策手段，实质上是将有限的交通资源进行调配，均具有正负两面效应，需要研究如何控制其负面效应，扩大其正面效应，并最大限度地争取社会各方面的支持。对道路交通流量的监测将有助于全面把握道路交通态势。日本国土交通省通过对东京都区部控制点（断面、交叉口）的流量、大型车混入率等情况的监测进一步分析了不同区域之间的跨越交通流量、不同时间段的流量分布、不同类型道路的交通量对照、道路交通车种构成和不同类型道路行程车速变化等，并以此反映交通状态的情况。

（三）提升公共交通服务水平的决策分析

公共交通优先发展主要包括两大主题内容：公共交通与土地的协调发展，以及政府通过政策调控保证公共交通服务在市场机制下有效运营。而这两大主题又与规划制定、建设实施、资金保障、运营保障、行业管理五个方面具有密切的关联。公共交通规划的核心是提供一个适应发展需求的公共交通服务体系，可以进一步划分为提供新服务的系统建设规划，以及改造既有服务的系统运行调整规划。前者主要针对伴随城市扩展和布局调整的公共交通基础设施建设，包括轨道交通建设、快速公交系统（BRT）建设、常规公交服务延伸等；后者主要针对既有运行计划调整和常规公共交通线路调整。对于系统建设规划来说，公共交通系统与土地开发之间的密切关联，利用移动通信数据获取居民活动信息，通过牌照识别数据获取车辆活动信息，通过道路定点检测数据和浮动车数据获取道路交通状态信息，通过公共交通 GPS 数据获取公共交通运行状态信息，通过公共交通卡数据获取公共交通客流及换乘信息，在这些信息的支持下能够分析土地开发与公共交通系统的关联，以及公共交通在综合交通中所处的地位和服务水平，进而使相应的规划决策更加科学化和精细化。在协同规划过程中，基于相关数据的可视化表达能够为决策分析提供有效的支持。

三、城市交通服务

（一）个性化交通信息服务

随着交通数据环境的不断完善，大量基于大数据技术的交通信息服务产品应运而生，为城市交通出行和区域交通出行提供了多样化、个性化的交通信息服务。

1. 城市交通

在国内，为了缓解城市交通拥堵状况，满足居民快捷、便利的出行要求，在政府部门出台各种措施进行调控的同时，产业界也推出了许多新的线上服务产品。在线合乘平台和打车软件是这几年出现的比较典型的应用。

（1）在线合乘平台。小客车合乘是指出行线路相同的人共同搭乘其中一人的小客车的出行方式。合乘不但能合理利用小客车的闲置资源，在一定程度上缓解交通压力，也能使私家车车主、乘客达到双赢的目的，对于乘客，合乘能够满足公共交通所不能覆盖的出行需求，也能满足其偶发性的用车需求，免去了养车的负担；对于私家车车主，也可以节省养车成本，甚至解决尾号限行等管制措施所带来的不便。在线合乘平台为车主和乘客提供了一个供求信息的发布平台，极大地扩展了小客车合乘的范围和用户群体，提高了合乘的成功率。

（2）打车软件。打车软件是指利用智能手机等智能移动终端，实现出租车召车请求和服务的软件。打车软件的出现，使乘客可以通过智能终端方便、快捷地叫到出租车，从而避免长距离地步行至站点或长时间的等待，也能使出租车驾驶员快速发现附近的乘车需求，进而减少出租车空驶率。

2. 区域交通

交通用户在区域交通出行的需求主要体现在旅游出行和商务出行两个方面。而随着用户需求的多样化、个性化，许多旅行服务公司也将高科技产业与传统旅游业成功整合在一起，通过对用户区域出行需求信息和起终点的兴趣点信息、交通信息等进行汇总分析，向用户提供了集机票预订、酒店预订、旅游度假、商旅管理、无线应用及旅游资讯在内的全方位旅行服务。通过对用户行为的积累，携程建出了自己的客户行为数据库，并研发了相应的系统对酒店和用户的行为进行跟踪，通过机器学习来分析和纠正，能够有效解决酒店行业的预订不能按时入住等问题。

（二）交通诱导信息服务

1. 获取过程

从获取过程看，交通诱导信息服务可分为出行前诱导和出行中诱导。出行前诱导是指在用户出行前通过计算机、手机、车载导航终端等设备向用户提供出行所需信息。出行中诱导指是在用户出行过程中根据交通系统状况的实时变化，对先前的诱导信息不断进行调整，对用户出行进行动态诱导。

2. 获取途径

传统的诱导信息发布方式包括交警疏导、可变信息交通标志（Variable Message Signs，VMS）、信息发布、交通广播等，而随着移动通信技术的不断发展，用户也可以通过移动应用获取实时诱导信息。

（三）现代城市物流服务

1. 物流信息平台

巨额的交易量带来了大量的物流需求。2021 年，我国总快递包裹数为 1083 亿件，占全球快递包裹数量的一半以上。平均每天的快递包裹数为 3 亿件，"双 11"的包裹数超过7200 万件，占全国快递包裹总量的 60%。我国的快递物流主要依靠"四通一达"(申通快递、圆通速递、中通速递、汇通快运、韵达快递）等第三方物流企业完成。而淘宝天猫与京东、苏宁等拥有自建物流体系不同，为了保证物流服务的效率和质量，天猫建立了第四方物流平台，通过物流信息平台整合商家、物流服务商和物流基础设施等物流资源，规范了行业服务秩序，推动了行业总体水平的提高。由此，天猫和淘宝通过物流信息平台，成为物流市场的组织者和基础服务的提供者。

商家可以根据物流信息平台提供的物流服务商信息，选择优质的物流服务商作为合作方；通过平台提供的订单跟踪数据，及时获得不同物流环节的信息；通过平台提供的运营数据分析提升经营计划性，及时进行补货；同时根据物流的执行情况，对物流服务商进行评价，反馈给平台。物流服务商将物流执行信息提供给物流信息平台，为卖家和消费者提供实时的物流过程信息；物流信息平台根据广大商家的当前订单和历史销售情况，为物流服务商提供产品销量预测数据，提前准备物流资源和能力，防止出现"爆仓"情况。卖家可以通过物流信息平台提供的订单跟踪数据，及时了解物流执行情况；根据物流服务商提供的服务，选择合适的商家和物流服务；对商家和物流服务商的服务进行评价，反馈给平台。而天猫则利用物流信息平台，对天猫商城的物流状况进行总体分析和监控。一方面，对物流服务商和商家的物流能力进行公示，设置行业服务标准，打击虚假发货等违规行为；

另一方面,根据物流数据,对订单流量流向进行分析和预测,优化物流活动组织,为骨干物流网络设施的规划和建设提供依据。

2.物流配送路径优化

物流配送是承运商把货物从上游企业或配送中心向下游企业、商家或最终消费者运输的过程,在物流过程中占有重要地位,据统计,运输费用占物流总消耗的50%以上。根据国外的经验,采用合理的配送路线,可以使汽车里程利用率提高5%~15%,运输成本大幅减少。由于配送路线的制定与客户空间分布、客户时间窗要求配送货物数量、货物类型、道路交通条件等因素有关,特别是受交通拥堵的影响,道路交通条件存在不确定性,路线优化计算十分复杂。随着城市交通数据环境的逐渐完备,特别是车载GPS设备的广泛使用,为制定合理的配送线路提供了新的思路。例如,美国UPS快递公司利用配送车辆装备的传感器、GPS定位装置和无线适配器实时跟踪车辆位置、获取晚点信息并预防引擎故障。根据GPS历史数据和派送需求信息,运用历史经验路径学习方法,制定最佳配送线路。同时,在配送线路中尽量减少左转行驶,因为左转穿越交叉路口时更容易导致交通事故的发生,而且左弯待转等待会增加油耗。新的配送路线技术使配送效率大幅提高。

(四)公共交通出行信息服务

公共交通出行的信息按接收媒介的不同可分为定点接收信息和移动接收信息。前者主要是公交电子站牌,为候车乘客提供公交线路信息及车辆到站信息等;后者主要是安装在手机等智能移动终端中的公交查询应用,根据乘客出行目的地和当前位置向乘客提供最佳乘坐公交班次、换乘及预计出行时间等信息。

第二节　城市交通及相关领域数据资源

一、城市交通

城市交通是指城市(包括市区和郊区)、道路(地面、地下、高架、水道、索道等)系统间的公众出行和客货输送。在人类把车辆作为交通工具之前,城市公众出行以步行为主,或以骑牲畜、乘轿等代步。货物转移多靠肩挑或利用简单的运送工具运输。车辆出现后,马车很快成为城市交通工具的主体。1819年,巴黎的街上最早出现了为城市公众租乘服务的公共马车,从此产生了城市公共交通,开创了城市交通的新纪元。

二、城市交通领域数据资源

（一）道路交通领域

道路交通是城市交通体系的重要组成部分，根据城市道路的性质，可以将其分为地面道路、快速路和高速公路三大类。受到不同的交通运量载荷影响，各类道路交通在不同城市中的地位各不相同。总体来讲，在各城市的道路交通体系中，地面道路是基础和根本，快速路是提升和飞跃，高速公路是通城郊和城际的骨干。在城市交通信息化发展的进程中，由于建设、管理、运维、技术等不同因素，这三类道路交通数据的类型、采集、存储、处理、应用等也体现出不同的特点。

1. 城市地面道路

（1）基础数据及采集。

城市地面道路是道路交通体系的主要组成部分，是一座城市交通运输的主动脉。SCATS（最优自动适应交通控制系统）等道路交通信号控制系统将电感线圈等检测器布设在道路交叉口附近，用于对车流量、占有率、占用时间、拥堵程度等数据的采集，通过中央控制、区域控制、路口控制等多个层面的模型计算，确定配时方案，优化配时参数，实现对交通流的实时最佳配置和控制，从而提高车辆行驶速度，发挥出减少交通停顿、节省旅行时间、降低汽油消耗的实际效用。随着道路交通管理和服务对信息化需求的提高，地面道路交叉口的相位、绿信比、流量等数据逐渐显现出功能的单一性和局限性。基于电感线圈检测器、微波检测器、视频检测器、全球定位系统等交通数据采集设备，可以采集车流量、车辆速度、车辆类型、牌照、位置等更多丰富的数据和信息，这些不同类型的检测设备，各有优点、互为补充，使采集到更多、更全面的交通数据成为可能。布设在地面道路的这些设备和装置，为交通信息化管理与服务内容的延伸和应用范围的拓展提供了更多的基础数据支撑。根据地面道路修路、事故、事件、110 报警等其他实时或历史交通数据，这些数据和信息能够更好地满足服务交通信息化管理、公众出行信息发布等不同的应用需求。

（2）数据的应用。

在地面道路交通原始数据汇聚的基础上，通过数据分析和挖掘，可以开发出多种应用。不论是管理者还是出行者，都对道路的运行状态和路况发展趋势十分关心。道路的通行状况，较直接的表述是车速信息，因此，道路的运行状态可以用红、黄、绿等颜色信息，实时或准实时地显示地面道路双向路段的交通路况，用以代表拥堵或畅通等状态。通过城市地理信息系统可以直观地看到城市地面道路路网的交通运行状态和路况实时变化。实时路况是把握道路运行现状，进行应急处置和指挥的第一手信息，而历史路况信息则可以为数据分析和挖掘积累宝贵的资料。地面道路交通状态信息的展示应用较为直观，但在区分拥堵量级、分析拥堵成因的时候，却存在明显不足。因此，基于车速、流量等数据分析的交通指数成为各大城市用于细化道路交通状态的重要指标。交通指数是量化的道路状态，介于原始车流量、速度数据和道路交通状态之间的层面，可以从宏观区域到微观路段，以数值或段值的形式细化表达。交通指数的提出、研究和应用为评判道路服务水平、提供公众出行个性化服务等奠定了坚实的基础，类似于地面道路路段状态，道路交叉口的运行状况也可以用类似的方法表达。对于经常出现拥堵的区域、路段或道路交叉口，可以结合车流量等各类数据联合分析，找出可能对其进行优化的地方，事故、事件等报警信息，通过与城市 GIS 的结合，可以挖掘出经常发生事故的"黑点"地段，对这些事故"黑点"进行分析，能够为改善道路通行安全、出行安全提醒等提供支持，同时，这些交通路况、交通指数、事故等信息还可以通过互联网、电视台、电台、车载设备、手机等移动终端应用软件等发布，作为出行者对交通出行方式和路径选择的重要参考依据。

2. 城市快速路

（1）基础数据及采集。

一般而言，与城市地面道路相比，城市快速路的建设相对较晚。因此，在快速路道路设计和建设的时候，相应的信息化方案可以同时进行，做到道路基础建设和信息化建设同步。根据不同城市对数据和信息的采集要求，城市快速路的数据采集通常由感应线圈、车辆全球定位系统、牌照识别系统、视频采集系统等支撑，不同的数据采集手段，所获取的数据和信息有很大差别，在设备布设、运行和维护中所耗费的成本也不一样。这些采集设备和方法的数据覆盖面也不一样，有各自的优势和特点。例如，感应线圈一般铺设在快速路路段或出入口，采用单排或双排断面的形式，采集车流量、车型、速度、占有率等信息。这些信息可以支持相应的应用，但感应线圈采集的数据仅是特定路段的特定点，对整条路段上的车辆空间分布和密度则无法获取，而且布设的成本较高。车辆全球定位系统可以采集到车辆的瞬时速度和位置，采集周期也可以灵活选择，但由于定位精准度的影响，可能会出现相邻地面道路、快速路主线、匝道或出入口位置车辆混淆的问题。牌照识别系统可以有效地抓住流经车牌识别车道和断面的车辆，并可以根据积累的数据找出车辆的起讫点，但是牌照识别的准确率和稳定性是系统评价和应用的基础。视频设备采集到的视频数据是某特定路段或路口车辆流动、车辆密度等情况的直观记录，但由于视频数据分析难度大，加上可能存在的镜头灰尘遮挡、移动、天气等各种影响因素，通常使视频数据的利用率不高。如何发挥采集设备的优势，取长补短，成为有效利用交通数据的关注点。

（2）数据的应用。

基于城市快速路系统采集、汇聚的各项数据，相应部门的运行管理和面向公众的信息服务等不同需求可以得到有效支撑。作为城市道路交通的快速通道，快速路交通的运行状况是衡量一座城市交通运行是否良好的重要指标。快速路的交通拥堵会影响到城市的形象，因此，不论是管理者还是出行者，都较为关注城市快速路的交通状况，这也促进了快速路数据的分析、挖掘和应用。与城市地面道路类似，可以从感应线圈、GPS 车速等数据分析中得到快速路的路段、出入口、匝道的状态，并以红、黄、绿等颜色信息或者交通指数等方式，描述道路拥堵或畅通等状态。管理人员可以在指挥中心或监控平台上看到快速路的交通状态，并能够通过信息共享实现跨部门的联动管理；出行者则可以通过布设在道路上的可变信息情报板了解前方的实时路况，从而决定出行的时间和路线。有些城市引入了快速路出入口控制系统，利用匝道信号灯来调节车辆进入快速路主线的流率，从而提升道路整体或局部的使用效能。信号灯的控制依据就是出入口、匝道、主线的车流量数据，通过适当的控制，可以有效减少拥堵情况或缩短拥堵时间。快速路车牌识别系统的车辆号牌数据，能用来捕捉特定号牌车辆的行驶路径，支撑快速路车辆平均出行距离、出行时间、OD 分析、出行高峰限牌管理、公安侦查破案等不同的应用。快速路交通运行管理产生的数据，如事故、事件、道路养护等，也可以与道路路况信息相结合，得到有效的应用。道路养护和夜间封路等信息，可以通过网络向公众发布，为公众信息化出行提供支持。对交通事故等数据的分析，可以定位事故常发地段，明确驾驶行为、路网结构等事故原因，分析事故对交通运行造成的影响等。不同的数据在实际应用中，可以发挥出不同的功能，交通数据的联合挖掘是当前的重点。

3. 城市高速公路

（1）基础数据及采集。

高速公路覆盖范围广、区域跨度大，这使信息采集的难度相对较大。城市地面道路、快速路的交通数据采集方法不能简单照搬到高速公路系统。根据密集布设感应线圈获取交通流量、速度数据的方法不可行，因为这会直接导致成本提高；依靠密集布设摄像头获取实时交通运行视频的方法也不可行，因为有些地方没有条件进行电缆或光缆的布设；行经高速公路的车辆来自不同城市，依靠车辆 GPS 数据获取计算道路状态的方法也不可行，因为各城市在车辆安装 GPS、GPS 信息采集和共享方面尚未形成一套统一的标准。因此，由于管理体制、道路现状、技术成本等方面的原因，高速公路交通数据的采集存在一定难度。鉴于这些存在的问题和现状，高速公路交通数据的采集主要从以下三个方面展开：①布设适量的感应线圈、视频监控系统等设施设备，满足高速公路日常管理的需求。②将数据采集的重点放在收费站，如车牌识别系统、不停车收费系统（Electronic Toll Collection，ETC）、车辆行驶 OD、行程时间等流水信息。③利用覆盖范围大、数据密集度低的数据采集方式，如手机信号、手机上网数据等。不同省份、不同城市对高速公路管理的权限分工不同，但从总体上看，目前全国大部分城市对高速公路入城段、出城段，城市道路网连接段的交通数据采集较为全面。

（2）数据的应用。

高速公路交通数据的挖掘和应用水平取决于数据采集和汇聚的基础。作为城市道路交通的一部分，高速公路入城段和出城段交通数据采集和汇聚的基础最好，是与城市道路交通关系最为密切的部分。如果要提高高速公路入城段和出城段的管理与服务水平，则需加强入城段或出城段与城市地面道路、快速路交通数据的关联应用。有些城市的高速公路出入城段与城市快速路系统直接连接，有些城市则与城市高等级公路或地面道路相连接，起到了承接不同种类道路路网的重要作用，甚至融入另外两类路网中，因此，在高速公路的出入城段，采取传统的交通数据采集手段，如车辆牌照识别系统、感应线圈车辆GPS、射频识别技术等，都可以形成面向管理和服务的应用，这与城市快速路和地面道路的数据应用类似。但是，建立在高速公路出入城段与城市快速路、地面道路数据互联共享基础上的联动，是数据应用真正的重点。有些城市已经将高速公路的出入城段归入城市道路交通系统，系统内的数据交互和联动已经初见成果。对于公众出行信息服务，比较有特色的是新兴起的虚拟情报板业务。借助手机App或其他移动上网终端，可以通过手机的GPS定位信息，弹出相应的路况情报板界面，使出行者可以实时获取前方的交通状态信息。虚拟情报板大大降低了在路面布设真实情报板的成本，而且可以提高情报板的密度，使出行者路径的选择更加灵活和智能。

（二）对外交通领域

通常情况下，一座城市的对外交通体系包含铁路、公路、航空、航运几大组成部分，而其又与城市道路交通、公共交通这两大体系紧密相连。由于它们分属于不同的管理和运营主体，其信息化推进与发展的程度各不相同，数据与信息的共享和汇聚也存在一定难度。而城市对外交通对整个城市交通体系具有巨大的影响力，甚至可能改变城市原有的交通特征，对其进行数据资源的联合挖掘与应用开发成为决策管理、出行服务共同的关注点。

1.铁路

（1）基础数据及采集。

作为城市对外交通重要组成部分的铁路运输体系，担负着客流和货流进出市域运输的重任。随着对管理和服务实时性与精细化要求的提高，铁路客运与货运信息化建设已经在中国铁路总公司和各局全面展开，并取得了丰硕的成果。铁路货运信息化系统建设较早，网络覆盖铁路总公司、路局，以及全国多个货运车站，主要完成运输计划自动下达、货车自动跟踪等功能，由基层站段本地存储货票、集装箱等原始数据上报区域中心、路局、铁路总公司，各级独立建设原始信息库和动态信息资源库，对本级原始信息分级进行加工、处理，分别落地逐级上报；铁路客票系统从1996年上线，通过车票信息在车站内部共享实现了车站窗口联网售票，后经不断改造升级，推出12306互联网售票系统，实现了客票数据在全路范围内的互通共享，并支持异地联网购票。数据汇聚并集中在铁路总公司、路局等各层面，通过已建的信息化系统，汇聚的数据种类十分丰富，涉及管理、运营、生产、安全等各个方面。随着信息化建设的不断推进，由静态和动态数据组成的这些基础数据，以及数据分析和挖掘获取的结果数据，发挥出越来越重要的作用。其中，与城市交通密切相关的数据主要包括客运与货运调度信息、列车时刻表信息、实际发车和到站时间、车次延误信息、客流量和货运量信息等。客运和货运行车调度信息，主要包括时间、地点、车速、行车方向等用于车辆运行管理和指挥方面的数据；列车时刻表信息，主要是指各车次制定好的计划发车时间、计划到站时间等用于车次和时间查询的相关数据；实际发车和到站时间信息，主要是指根据列车实际运行情况，记录车辆发车和到站的实际时间，并通过与列车时刻表的计划时间比较，获取车次的延误或早到等相关信息；客流量和货运量信息，主要是指列车所承载的客流、货流数量，以及客运上座率和货运周转量等相关数据与信息。随着铁路信息化的建设、发展与完善，基于数据采集和分析的应用系统有了坚实的基础，使铁路运输系统在管理和服务两个方面，全面迈进了数字化时代。

（2）数据的应用。

在铁路数据采集、存储的基础上，如何进行进一步挖掘，找出数据的潜在规律，用合适的表现形式来展示表述，并在实际中运用，提高工作效率，是信息化建设和完善的目的与方向。就铁路数据的应用来讲，主要有两个方面：一是管理决策参考；二是公众信息服务。铁路数据的高度集中和实时性可以很好地支持这两方面的需求。管理决策参考有两个层面：一是满足铁路系统内部的管理需求；二是满足城市交通相关管理部门的决策参考。客运和货运行车调度数据，可用于评价车辆调度水平与效率，通过长时间的数据积累，可以为集中调度和自动调度提供参数和根据；实际发车和到站时间车次延误信息等数据，可用于辅助计算相应指标，评估列车运行的准点率和延误率；客流量和货运量等数据，可以与行车调度、准点率或延误率指标结合，评判车辆运行和调度的效率，为调度效率的提升和自动调度参数的调整提供依据。铁路运输体系担负客流和货流进出市域运输的任务，客流和货流的出入必将对城市自身交通产生影响。城市交通管理部门主要将注意力集中在从工作日、休息日、节假日时间维度，分析两类数据对城市交通的影响度，以及从火车站、铁路货运中心及其辐射范围的空间维度，分析两类数据对城市铁路相关热点区域的影响度。公众信息服务主要体现在三个方面：一是在客票售票系统对社会公众的服务上，公众可以从售票窗口、12306互联网售票系统、95105105电话订票，以及使用自助服务终端预定、改签及退票；二是票务信息的互联互通可以与管理系统进行有机结合，票务系统每天产生的交易数据，结合票务管理数据，可以为公众提供更可靠、便捷的购票服务；三是与火车站的信息化建设相结合，票务服务还可以通过手机App、售票大厅显示屏等显示终端，为公众提供及时的信息发布与推送，满足不同用户的需求。

2.公路

（1）基础数据及采集。

作为连接城市之间、城乡之间陆路交通的重要纽带，公路网系统包括了高速公路、一级公路、二级公路、三级公路、四级公路等，是进出市域陆路交通的重要组成部分。随着城市公路网信息化建设的大力发展和不断推进，公路管理运营水平和公众出行信息服务质量日益提高；高速公路收费站，可以对过往的车辆本身，以及其行程信息等数据进行全面的采集；具备条件的高等级公路，可以布设线圈雷达、红外线车辆检测器等设备，全天、全方位地采集车辆的行驶速度、车辆类型、车辆长度、行驶方向和车流量等信息；视频图像设备，能采集并记录车辆及路况真实的视频和图像信息。这些基础数据的采集，是支撑管理和服务应用的基石。数据和信息采集后，通过光缆和电缆，统一传送汇集在各信息分中心，并经过实时的处理，将数据转化为运行管理和公众服务需要的信息。公路网信息中心，作为公路网信息化架构的顶端，连接各信息分中心，汇总其采集的数据，并加以分析和挖掘，由公路网信息中心构建的路网交通信息平台，可以从宏观、中观层面，有效评判公路网的整体运行状况、维护成本、服务质量等，指导公路信息分中心的工作，使采集的数据发挥出更大的效益。

（2）数据的应用。

通过分析公路网采集的各项数据，可以为管理措施的制定提供依据和参考，还可以为公众出行提供更高质量的服务。对高速公路收费站收费流水数据的分析，可以从收费时间、进站车速、收费车辆数、收费站规模、排队车辆数等因素之间的关联性考虑，合理解决可能的收费车辆积压问题，用以提高收费站的运行效率和服务水平；也可以对车辆标识、进站位置和时间、出站位置和时间数据进行挖掘，分析车辆的行程车速、车辆类型、出行OD 等信息，用以评估公路路网的运行效率，定位交通压力关键节点，寻找相应的解决途径等。对公路网采集的视频信息，可以实时监控路网交通运行，及时发现事故、事件等突发问题，提高相应部门的应急反应速度和应急处置水平；通过对车辆号牌的存储、调用与分析，可以为公安破案提供线索和证据，直接为国家安全和公共安全提供服务。公安道口卡口数据，采集了经由不同等级公路进出城市的车辆数、车型等信息，对这类数据的挖掘分析，可以从整体上估算出进出城市的车辆和客流的时空分布、规模和总量等信息。

通过分析单一来源数据所获得的信息，能在一定程度上提高管理与服务的效率和水平，而将多源数据进行关联挖掘，可以发现更多规律，为提升公路网运行与服务，发挥出更大的作用。结合公路网天气、事故等数据，经过长时间的积累和分析，可以找出事故多发地段和成因，通过道路状态信息板发布提示信息提醒车辆降速慢行，降低事故的发生率。结合长途客运站的长途客车和乘客的发送、到达数据与进出市域公路系统的车辆数，可以分析评价公路网在陆路城际交通中发挥的作用；结合收费站流水和公安道口数据，可以分析节假日、工作日车流进出市域的时间和空间高峰，制定相应政策进行分流；结合 ETC（电子不停车收费系统）和收费数据，可以评估车辆通行效率，大力推广运用 ETC，进而解决车辆通过收费站的积压等问题。

3. 航空

（1）基础数据及采集。

与其他交通运输方式相比，民航的国际、城际交通运输效率最高。目前，我国甚高频地空数据通信网络的基础已经建好，为飞机和地面的实时信息交换提供了可靠平台。这些基础建设，是民航数据采集、信息传输和交换的根基。民航管理局、机场和航空公司对信息和数据采集不同层面的需求，反映出管理者、服务商和社会公众等多方对信息化发展和数据采集的不同需求，民航系统采集的数据种类繁多，已经具备了大数据采集的基础。在民航管理方面，民航数据交换传输网络为汇聚全国民航数据，为制定宏观发展规划和决策参考提供了数据基础；在机场和航空公司管理与运营方面，机务维修管理系统、运行控制系统、订座离港系统、常旅客系统、财务管理系统等系统的开发与应用，为提高运营效率发挥出信息化的巨大优势；在信息服务方面，自助服务设备、手机平台、网上值机等应用应运而生，为乘客出行提供了更便捷、高效的实时动态信息服务。

（2）数据的应用。

目前，基于信息化系统支持的民航决策管理和服务体系已经初具规模，国家民航局、各地区管理局、机场和航空公司各层面的数据仓库建设逐步展开，相应的民航数据分析和挖掘系统，也已投入实际应用，取得了明显成效。这些信息化发展的进展和成果，为建设和打造"中国数字民航"奠定了基础。空管系统调度数据的积累和分析，可以为提升调度效率和指挥水平提供依据，支撑智能化调度系统与信息化平台的建设与应用。信息化技术在订座系统、安检系统、值机系统的应用，为乘客购票、安全等需求提供了坚实的保障；航班班次、延误等数据和信息的及时采集和汇聚，为公众信息查询和服务提供了便利，信息发布和个性化服务已经贯穿了从飞机到港后机位引导，到旅客下飞机、出港，从离港旅客办理登机手续、候机、离港的全过程。数据的分析、挖掘和应用，已经渗透到民航管理、运营、商业、服务各个领域，管理和业务系统、信息化平台的使用，大大提高了民航系统的整体服务管理水平。

4.航运

（1）基础数据及采集。

各种新兴的信息技术在航运信息化进程中的试点，取得了显著的成果。例如，航运物流信息化条形码技术和航运物流信息化射频识别技术，可以提高航运物流企业信息采集效率和准确性；基于网络互联的航运电子数据交换技术，对航运物流信息化企业内外信息传输，实现航运物流信息化订单录入、处理、跟踪、结算等业务处理的航运物流办公无纸化形成重要支撑；航运预先发货通知、航运送达签收反馈、航运订单跟踪查询、航运库存状态查询、航运货物在途跟踪、运行航运绩效监测、航运管理报告等，是构成第三方航运物流服务的根本；航运物流企业可以通过提升航运客户财务、航运库存、技术和数据航运管理等，在航运客户供应链管理中发挥出战略性作用。

（2）数据的应用。

随着航运信息化的推进，"智慧航运"的概念应运而生。利用航运数据分析和挖掘技术的信息化管理、营运、服务等，是推动并实现"智慧航运"的基础。各个层面的航运信息管理平台、航运信息服务平台、航运运营系统等，均已开始建设并逐步投入使用，并且在政府管理与引导、企业管理与运营等各方面发挥出了重要的作用。各类信息化系统的构建和应用，有效推进了航运智能化的进程，但是，航运信息化建设也存在一些问题有待解决。例如，航运业务的信息化管理与服务需求在不断地变化和完善，但信息化软件系统的开发具有一定的刚性，往往难以不断改进和拓展；航运信息化建设的地域性、行业性较强，虽然开发的信息化系统在本领域发挥了较好的效果，但在跨地域、跨行业系统兼容时会遇到困难等。因此，管理与服务多方之间的信息资源整合与应用系统集成，是满足信息化系统协同、功能拓展的前提，也是提高管理效率和市场竞争力的关键。

第三节 城市交通大数据的组织、描绘及技术

一、城市交通大数据组织本体

本体很适合用来定义一个领域的基本概念、概念间的关系以及它们之间固有的推理逻辑，可以很清晰地描述领域数据的固有性质和数据之间的联系，因此本体可以用来组织、表达城市交通大数据。

（一）本体的含义

1. 本体的定义

本体提供的是一种共享词表，也就是特定领域之中那些存在着的对象类型或概念及其属性和相互关系。或者说，本体实际上就是对特定领域之中某套概念及其相互之间关系的形式化表达。换言之，本体就是一种特殊类型的术语集，具有结构化的特点，且更加适宜。

2. 本体的一般性分类

从详细程度对本体进行划分，详细程度高的，即描述或刻画建模对象程度高的被称为参考本体，反之称为共享本体；从领域依赖程度对本体进行划分，分为顶级本体、领域本体、任务本体和应用本体四类，这种划分方法更为常用。顶级本体是指最常见的概念和这些概念之间的关系，如时间、空间、事件和行为等，顶级本体不关乎具体的领域或应用，可在多个领域之间共享。领域本体是指某一个特定的领域内的概念和这些概念之间的关系，如交通和证券等。应用本体是指针对具体问题的概念和这些概念之间的关系，可以同时引用领域本体和任务本体的概念。

（二）本体的要素及基本关系

1. 本体的主要要素及属性

一般来说，一个本体可以由概念、实例、关系、函数和公理五种元素组成，即 $O=\{C, I, R, F, A\}$，其中 O 表示本体，C 表示概念（Concept），I 表示实例（Instance），R 表示关系（Relationship），F 表示函数（Function），A 表示公理（Axiom）。本体中的概念是广义上的概念，可以是具体的概念，也可以是任务、功能、行为、策略、推理过程等。本体中的这些概念通常构成一个分类层次。本体中的关系表示概念之间的一类关联，典型的二元关联如子类关系形成概念类的层次结构，一般情况下用 $R : C_1 \times C_2 \cdots \times C_n$ 表示，概念类 $C_1, C_2, \cdots, C_n$ 之间存在 n 元关系 R。函数是一种特殊的关系，其中，第 n 个元素相对于前 $n-1$ 个元素是唯一的。可以理解为 C_n 可以由 $C_1, C_2, \cdots, C_{n-1}$ 确定。一般情况下，函数用 $F : C_1 \times C_2 \cdots \times C_{n-1} \rightarrow C_n$ 的形式表示。公理用于表示一些永真式，即无须证明或推理即可知其断言为真，用来表示本体间最基本的相互语义逻辑的集合。更具体地说，在许

多领域中，函数之间或关联之间也存在着关联或约束，这些约束（Restriction）有时候也被视为公理的一部分。

2. 概念间的基本关系

在本体中，概念间的基本关系有四种：part-of、kind-of、instance-of 和 attribute-of。part-of 表示概念之间部分与整体的关系；kind-of 表示概念之间的继承关系；instance-of 表示概念的实例和概念之间的关系，类似于面向对象中的类和对象之间的关系；attribute-of 表示某个概念是另一个概念的属性。

（1）kind-of 又被称为 subclass of 或 is-a，描述了概念之间典型的二元关系和上下位关系，用于表示事物之间在抽象概念上的类属关系，是概念之间的逻辑层次分类结构形成的基础。例如 kind-of(A，B)，表示概念 A 是概念 B 的子类（子概念）；相应地，概念 B 称为概念 A 的父类（父概念）。

kind-of 表明的是一种继承关系，即子概念自动具有父概念的 attribute-of，这种关系是可传递的（transitive）。相对父概念来说，子概念更具体，通常体现在对于父概念的某些属性（attribute）来说，子概念的这些属性的值可能是有限制的（包括为固定值）。最常见的情况是，子概念基于父概念的某个属性的值进行分类。

（2)part-of 也可以称之为 member-of，描述的是概念之间部分 / 成员与整体的关系。通常使用 part-of(A，B) 表示概念 A 是概念 B 的一部分，或者概念 A 是概念 B 的成员。这一关系是很容易被误解的，因为严格来说，只有实例之间才能具有部分与整体的关系，两个一般概念之间并不会产生 part-of。当说两个一般概念具有 part-of 时，实际上说的是前者的所有实例与后者的对应实例具有 part-of；当说一个实例概念和一个一般概念具有 part-of 时，实际上说的是实例与后者的某个实例具有 part-of。

（3)attribute-of 表明的是属性概念与其对应概念的关系，这种关系是不可传递的。例如 A 是 B 的属性概念，B 是 C 的属性概念，A 未必是 C 的属性概念。只有当 A 与 B 是 attribute-of，而 A 是 A 的子概念（子属性）时，A 与 B 才具有 attribute-of。

（三）城市交通大数据本体概念范围

城市交通大数据本体就是将城市交通大数据中的概念、涉及的相关领域的外部概念，以及它们之间的关系用明确的形式化方式进行描述说明。一方面，由于城市交通本身包含许多概念，涉及的相关领域外部概念也很多，如果完全描绘在一个本体中，势必会过于复杂。另一方面，以道路交通、公共交通、对外交通等为代表的城市交通不同术语集之间的区分度较为明显，交叉概念所占比例较低，因此可以将交通本体拆成若干个小范围概念集合的本体（子本体），这样比较容易表达清楚集合内的概念之间的关系。以这些城市交通子本体的全体及描述子本体核心概念之间关系的本体（可以看成本体的本体）构成交通本体库。城市交通大数据本体的概念也将围绕这些数据资源，以及城市交通的规划、决策、管理、参与者等各方面所涉及的内容进行抽象归纳和梳理，按分层定义、逐步细化的思想，从顶层出发，逐步形成交通本体库。在顶层本体之下，分出了交通事件、交通地理、交通指标、交通线路、交通角色、交通信息和交通相关信息等七个抽象概念集，或称为领域本体，并以此为基础继续向下划分。对这七个抽象概念的定义，将形成关键的七个核心抽象类。交通实体中的各个具体概念类和实例都将从这些抽象核心类派生出来，并不断具体化。

（1）交通事件。交通事件是指在道路上出现的同时会对交通运行状况产生消极影响的情况。

（2）交通地理。交通地理是交通运输的基础，是指交通网络和枢纽的地域结构。在本体库中交通地理本体包含匝道、单位、桥梁、立交、站点、路口、路段、道路和隧道等子本体。

（3）交通指标。交通指标是指用于衡量交通运输状态的方法和标准，一般用数据表示。在本体库中交通指标包含占有率、流量、车速和通行状态等子本体。

（4）交通线路。交通线路是指按一定技术标准与规模进行修建，并具备必要运输设施和技术设备，旨在运送各种客货运的交通道路。在本体库中，交通线路还包括公交车线路、出租车线路和轨道交通线路等子本体。

（5）交通角色。交通角色是指交通运输及管理过程中可能涉及的各种类型的人物。在本体库中，交通角色包括乘客、交通警察、养护工人、行人、驾驶员等子本体。

（6）交通信息。交通信息是指由交通信息系统收集整理并存储以供查询使用的数据。在本体库中交通信息包含交通流采集信息、交通事件采集信息、交通设施采集信息、交通管理控制信息、运营信息和客流信息等子本体。

（7）交通相关信息。交通相关信息是指非交通领域的但是与交通运行状况有一定联系的其他领域信息。在本体库中交通相关信息包含活动信息、人口信息、气象信息等子本体。其中道路、交通工具、公交线路、单位是抽象概念（抽象类），公共汽车、小型汽车是具体概念（子类），路口、公交站点是属性概念，人是外部概念。概念间的关系使用交通领域的部分术语对概念间的基本关系进行了扩展。

从这个本体中可以推理出（分解得到的子图，可以简单理解为从某个概念出发，沿箭头方向叙述概念间的关系）：公共汽车是交通工具，行驶在道路上；人搭乘属于某条公交线路上的公共汽车，在停靠的公交站点，靠近想去的单位；小型汽车不能停靠至公交站点（因为没有一条路径可以从小型汽车到达公交站点，而到达公交站点这个概念的关系只有"停靠"）；小型汽车是交通工具。

（四）城市交通大数据本体概念间的关系

交通本体库中的本体概念之间并不是相对孤立的点，通过数据分析，发现这些概念之间除了父子、从属等关系外，还或显或隐地存在着一定的关联关系。在本体库中提出了十六种本体关系，分列如下。

（1）乘坐关系。乘坐关系是本体乘客和交通工具之间的关系，如乘客"乘坐"交通工具。另外这个关系是可继承的，因此，本体乘客和本体公交车、出租车、地铁等的关系都可以是乘坐关系。

（2）位于关系。位于关系表示多个本体和交通地理本体的关系，如交通事故"位于"路口，交通设施"位于"路段等。

（3）停靠关系。停靠关系表示本体交通工具和交通地理之间的关系。如交通工具"停靠"交通地理，公交车"停靠"公交站点等。

（4）去往关系。与停靠关系相似，去往关系也表示本体交通工具与交通地理之间的关系，如交通工具"去往"交通地理，出租车"去往"单位等。

（5）经过关系。经过关系与去往关系相似，表示本体交通工具与交通地理之间的关系。

（6）处理关系。处理关系表示本体交通警察和本体交通事故之间的关系，如交通警察"处理"交通事故。

（7）实施关系。实施关系表示本体养护工人和本体设施维护之间的关系，如养护工人进行设施维护。

（8）属于关系。属于关系表示本体公交车与公交车线路，出租车与出租车线路，地铁与轨道线路之间的关系，如公交车"属于"公交车线路，地铁"属于"轨道线路等。

（9）影响关系。影响关系表示本体交通事件与交通指标之间的关系，如交通事件"影响"交通指标。

（10）搭载关系。搭载关系表示本体交通工具与乘客之间的关系，如交通工具"搭载"乘客。

（11）收集关系。收集关系表示本体交通设施与交通相关信息之间的关系，如交通设施"收集"交通相关信息。

（12）显示关系。显示关系表示本体交通设施与交通指标以及交通信息之间的关系，如交通设施"显示"交通指标，交通设施"显示"交通信息，如在信息板上显示附近停车场的信息等。

（13）行驶关系。行驶于关系表示本体交通工具与交通地理之间当前相对位置状态的关系，如公交车"行驶于"路段。

（14）靠近关系。靠近关系表示本体交通地理子本体之间的关系，如公交站点"靠近"单位。

（15）驾驶关系。驾驶关系表示本体驾驶员与交通工具之间的关系，如驾驶员"驾驶"交通工具。

（16）维护关系。维护关系表示本体养护工人与交通设施和交通地理之间的关系，如养护工人"维护"桥梁，养护工人"维护"交通设施等。

二、城市交通大数据核心元数据和数据资源描述方法

元数据（Metadata）作为计算机可以自动解析的、用以描述数据的方法，已经有许多成熟的应用。元数据具有良好的扩展能力和自解释功能，常常用来定义数据集（数据资源），

被称为"描述数据的数据"。城市交通大数据中的数据资源，可以通过定义一系列核心元数据来描述和定位，使用户和计算机能够很方便地找到这些数据资源。

（一）城市交通大数据核心元数据定义思路

所谓元数据，是描述数据的数据，主要是描述数据属性（Property）的信息，用来支持如指示储存位置、历史资料、资源寻找、文件记录等功能。"metadata"一词最早起源于1969年，由杰克·梅尔斯（Jack E.Myers）提出，metadata 是关于数据的数据，可以认为是一种标准，是为支持互通性的数据描述所取得一致的准则。现存很多 metadata 的定义，主要视特定群体或使用环境而不同，例如，有关数据的数据（data about data）、有关信息对象的结构化数据（structured information about an information object）、描述资源属性的数据（data describes attributes of re sources）等。无论何种定义，对于元数据的作用认同都是一样的，即元数据主要用在数据共享和信息服务过程中，使不同用户、应用程序间可以很方便地获得有关数据属性的基本信息，进而能够方便地获得自己想要的数据，而不需要数据生产者或拥有者代为获取数据。这类似于去超市购物，根据超市摆放在货架上的标签信息和物品包装上提供的信息就能找到想要的物品，而不必拿着清单请售货员帮忙提货。

随着我国交通规划、建设、生产、生活和管理过程等领域信息资源的积累及数字化技术应用不断深入，交通信息共享与服务的需求已经变得越来越迫切。一方面，各地的交通信息平台之间需要进行数据共享和交换，如各省市违章监控信息的交换。另一方面，其他行业和公众也迫切需要获得交通信息，为出行、旅游等提供参考，企业也可以通过交通信息深加工为用户提供更好的服务。此外，政府相关部门的城市规划、交通建设和管理政策制定等活动，也都需要交通数据作为基础；科研机构需要真实的交通数据来支持科研活动，以确保研究成果真实可用，这不是模拟数据可以实现的效果。如何充分利用这些数据资源，如何使用户迅速有效地发现、存取和使用所需的信息就变得非常关键，因此需要一个交通信息资源核心元数据的标准，以满足数据共享和交换的需要。

我国在 2009 年由交通运输部科技司提出、交通部信息通信及导航标准化技术委员会负责起草，发布了《JT/T747—2009 交通信息资源核心元数据》《JT/T748—2009 公路水路交通信息资源业务分类》《JT/T749—2009 交通信息资源标识符编码规则》等一系列与交通元数据相关的推荐性标准。该标准主要侧重在制定一个用于描述交通行业信息的元数据定义规范。交通业信息可以看作在城市交通大数据定义中所说的"由交通直接产生的数据"，以及与交通直接相关的部分"交通管理设施产生的非结构化数据"。从这个意义上说，交通行业信息完全涵盖了城市交通大数据中"由交通直接产生的数据"以及"交通管理设施产生的非结构化数据"所涉及的数据资源。一方面，交通信息资源核心元数据是可以用来表达城市交通大数据中的这部分数据资源的，亦即城市交通大数据的元数据应该完全包含交通信息资源核心元数据。另一方面，对那些来自公众互动交通状况数据、相关的行业数据，以及政治、经济、社会、人文等领域重大活动数据，《交通信息资源核心元数据》中并没有给出一个明确的定义方法，但是根据该推荐标准所阐述的元数据扩展方法，可以遵循其编制思路，对交通信息资源核心元数据进行适当扩展，形成城市交通大数据资源核心元数据，以满足对城市交通大数据中所有可能的数据资源的描述需要。

（二）城市交通大数据核心元数据扩展原则和方法

允许对核心元数据进行的扩展包括：增加新的元数据元素；增加新的元数据实体；建立新的代码表，代替值域为"自由文本"的现有元数据元素的值域；创建新的代码表元素（对值域为代码表的元数据的值域进行扩充）；对现有元数据施加更严格的可选性限制；对现有元数据施加更严格的最大出现次数限制；缩小现有元数据的值域。在扩展元数据之前，应仔细地查阅现有的元数据及其属性，根据实际需求确认是否缺少适用的元数据。对于每一个增加的元数据，采用摘要表达的方式，定义其中文名称、英文名称、数据类型、值域、短名、约束条件，以及最大出现次数，最后给出合适的取值示例。对于新建的代码表和代码表元素，应说明代码表中每个值的名称、代码以及定义。新建元数据需要遵循以下基本原则。

（1）选取元数据时，既要考虑数据资源单位的数据资源特点以及工作的复杂、难易程度，又要充分满足交通信息资源的利用，以及用户查询、提取数据的需求。

（2）新建的元数据不应与已定义的元数据中的现有的元数据实体、元素、代码表的名称、定义相冲突。

（3）允许以代码表替代值域为自由文本的现有元数据元素的值域。

（4）允许对现有的元数据元素的值域进行缩小。

三、城市交通大数据技术

（一）分布式存储技术

为了保证高可用、高可靠和经济性，大数据一般采用分布式存储的方式存储数据，并采用冗余存储的方式进一步保障数据的可靠性，基于 Hadoop 的分布式文件系统（Hadoop Distributed File System，HDFS）的信息存储方式是目前较为流行的数据存储结构。通过构建基于 HDFS 的云存储服务系统，能够有效解决智能交通海量数据存储难题，降低实施分布式文件系统的成本。Hadoop 分布式文件系统是开源云计算软件平台 Hadoop 框架的底层实现部分，具有高传输率高容错性等特点，可以以流的形式访问文件系统中的数据，从而解决访问速度和安全性问题。

（二）分布式计算技术

城市交通大数据的强大计算能力能对庞大、复杂而又无序的交通数据进行分析处理，基于大数据平台的交通数据建模及时空索引、历史数据的挖掘、交通数据的分布式处理和融合及交通流动态预测，都需要大数据平台的分布式计算能力，即高性能并行计算模型 MapReduce。MapReduce 是一个用于海量数据处理的编程模型，它简化了复杂的数据处理计算过程，将数据处理过程分为 map 阶段和 reduce 阶段，其执行逻辑模型。MapReduce 通过把对数据集的大规模操作分散到网络节点上实现可靠性。每个节点会周期性地把完成的工作和状态的更新报告回来，如果一个节点保持沉默超过一个预设的时间间隔，主节点将记录下这个节点状态为死亡状态，然后把分配给这个节点的任务发到别的节点上。MapReduce 是完全基于数据划分的角度来构建并行计算模型的，具有很强的容错能力。

第四节 城市交通大数据的应用开发与服务

一、城市交通大数据的应用开发

在智能交通领域，数据从外场设备采集，经过通信网络进入数据库系统，然后经过模型、算法和统计获得应用，是一个完整的"数据产业链"。该产业链上的各个环节，都能够开发出相关的应用和服务。

（一）城市交通大数据应用框架

当城市交通大数据获得充分的数据积累后，数据有机整合呈现出的增益效应将会受到全社会瞩目，数据关联带来的融合价值会促使社会各界、各行各业的数据人才和数据工作者融入数据分析之中，开发出丰富的数据产品和商业服务。对最终使用者而言，最关心的还是如何通过城市交通大数据的数据产品和软件产品获得增值和开发。但从城市交通大数据系统或平台的角度来看，其能够提供的应用是多层次的。这就类似于云计算的 IaS、PaS 和 SaS 三层服务架构，底层硬件、中间平台和软件系统都能够为用户提供独立的服务。在当前城市交通大数据处于刚刚起步的阶段，可能对数据衍生数据、传统服务创造新服务的完整应用框架还无法全面掌握，这里仅就目前能够理解和实现的应用板块做一个整理。城市交通大数据平台包含数据源层、基础服务层、分布式统计查询接口层、应用层等主要应用层次，按照"数据产业链"模式，数据从底层逐层向上传输和转变，演变成各种应用产品，主要包括以下两种：第一种，应用层含各种数据产品、服务和软件。数据使用者将直接面对本层获取所有资源。第二种，数据源层通过 Oracle、MySQL、文档服务器、文件系统等获取原始数据，加载到大数据平台，面向数据管理员开放，对外部使用者隐藏。

（二）城市交通大数据典型应用

城市交通大数据应用的核心是通过对多源数据的挖掘、分析和关联，从多源、海量的历史数据中发现交通拥堵机理，实现交通事件规律挖掘分析，为交通决策者、管理者和出行者提供数据分析依据和专业技术结论。交通数据挖掘与分析是一个随着时代发展、数据积累而不断改变、持续发展的内容，随着大数据的到来，很多传统的数据分析和挖掘都会再次焕发新的生机。

1. 快速路网交通拥堵态势分布规律挖掘

对快速路网交通拥堵现象及其产生条件进行概念描述，可以将其划分为两大类：常发性拥堵和偶发性拥堵。常发性拥堵主要受道路条件影响，一般是由通行能力较低的固定"瓶颈"引起，固定"瓶颈"主要包括上匝道合流区下游，下匝道分流区上游，路段 S 形（包括坡度、转弯和立交匝道等）。固定"瓶颈"区域具有以下数据特征："瓶颈"上游处于流量低、速度低、占有率高的排队拥堵状态；"瓶颈"点处于流量高、速度中等、占有率中等的饱和状态；而"瓶颈"下游处于流量高、速度高、占有率低的消散状态。偶发性拥堵是指交通事件导致的道路通行能力的临时性降低而引发的拥堵。结合拥堵成因，快速路常见的交通事件包括交通事故和恶劣天气两种。交通事故造成路段局部车道阻断而出现通行能力临时下降，引发拥堵；恶劣天气情况下，道路的行驶条件和驾驶员的跟车行为发生变化，导致车速降低、车头间距增加、路网通行能力下降而引发拥堵。由于早晚高峰拥堵分析最重要，所以分析的时间范围为早晚高峰时段。为方便理解，首先对需要使用的若干个概念进行定义。

排序规则：根据累计拥堵时间（以分钟计），按照从多到少排序。

长时间拥堵：是指从拥挤（黄）或阻塞（红）状态产生时刻开始，到恢复畅通状态时刻为止，期间拥挤（系数 0.5）与阻塞（系数 1）折算成等效累计时间，若等效累计时间超过 20 分钟，则视为长时间拥堵。

常发性拥堵路段：在高峰时段内，排序后发生长时间拥堵时间累计占总拥堵时间前 50% 的快速路路段。

临界性拥堵路段：在高峰时段内，排序后发生长时间拥堵时间累计占总拥堵时间 50%~80% 的快速路路段。

畅通路段：在高峰时段内，排序后发生长时间拥堵时间累计占总拥堵时间 95% 及以上的快速路路段。

基于城市交通信息平台汇聚的多源历史数据，人们会针对某段时间范围内工作日快速路的交通流量、行程车速、交通状态等数据进行关联处理，其中涉及感应线圈检测器、GPS 浮动车、车牌识别、视频监控等多源检测器，覆盖数据种类超过 5 种，检测器 4 种，单次处理数据最超过 30 GB。总体上，早高峰的常发性交通拥堵分布体现市民出行向中心城区汇聚的特征。

2. 常发性交通拥堵成因及分类

第一，上下匝道车流量大引起主线车流拥堵。下匝道车流量大时会因为地面道路无法及时疏散车流而排队，进而对主线交通流的运行产生干扰，引起主线拥堵，而从地面道路通过上匝道到达高架的车流量太大时也同样会因为与主线车流交织而导致合流区车辆行驶困难，从而形成上、下匝道处的"瓶颈"。这种类型的"瓶颈"触发一般出现在工作日早晚高峰时期。如徐家汇路是南北高架进出市中心 CBD 的关键位置，且由于周围多为商务办公楼，所以该处高架与地面连接上下匝道均较拥堵，且严重时会造成主线上车辆的大量排队。

第二，道路交织过短导致上下匝道车辆干扰严重引起的拥堵，表明了交织区太短，给上下匝道车辆汇入和驶离的缓冲区域的长度不够，导致出入高架的车辆相互干扰的，表现为主线进入下匝道车辆与上匝道汇入主线车辆相互干扰，使主线和匝道车辆造成拥堵。

第三，路段 S 形排队引起主线车流的拥堵。路段 S 形包括立交、坡度和弯道等。弯道处车辆一般会主动降低车速，形成路段上车辆行驶的"瓶颈"。与直线路段相比，弯道路段属于道路上低速区，车辆行驶到该处时会自然以较低速度行驶，因此会造成车流的运行缓慢。在车流量大时，"瓶颈"效应会导致整个路段上游出现拥堵。

3. 偶发性交通拥堵成因及分类

偶发性交通拥堵主要由交通事故、恶劣天气等因素导致。

（1）交通事故。车辆碰撞、抛锚等交通事故引起的车道堵塞现象会导致道路部分通行能力的临时性损失。当上游流量需求超过事故发生后的地点通行能力时，就会导致拥堵的传递和延续。与常发性拥堵不同，事故引起的交通拥堵的恢复需要人工清除事故发生位置的拥堵源头。虽然交通事故本身具有随机性，但从相关统计结果看，拥堵频率与事件发生频率变化趋势相同。拥堵频度与交通事件发生的频率成正比关系。换言之，常发性拥堵路段也是交通事故的高发路段。交通事故引发交通拥堵的数据特点主要表现为：上游线圈数据流量很小，速度很低，占有率很高；下游线圈流量很小，速度很高，占有率很高。

（2）恶劣天气。风雪、下雨等天气引起道路积水、结冰导致车辆行驶特征变化和能见度下降。在恶劣天气条件下，驾驶员的驾驶行为发生变化，与前车保持更大间距，从而导致道路的通行能力降低。在恶劣天气情况下，"瓶颈"的触发会提前，而已经触发的"瓶颈"由于通行能力降低，拥堵程度与传播范围更大。恶劣天气引发交通拥堵的数据特点主要表现为：路网交通流出现整体偏移，与正常天气相比，在同样的速度下，恶劣天气对应的车流密度偏低；拥堵与交通事故频率呈对应关系。

二、城市交通流关联分析

城市交通流分析即通过建模的方式描述交通出行者的出行决策，道路行驶的车辆跟踪，以及交通流的网络分布，对城市的交通状况研究具有重要的意义。交通流分析揭示与预测城市交通流的自组织演变规律与交通拥堵的演变情况，其分析必须基于大量的历史或实时的交通数据。与此同时，一些相关数据（如社会经济数据、气象数据和移动信息数据等）也会对城市交通产生一定影响，通过分析这些关联数据也可获取有用的交通流信息。城市交通大数据技术为城市交通流分析提供了丰富的数据基础。城市交通大数据采集的数据资源不仅涵盖了传统的交通领域数据资源，也包括了其他非交通领域的数据资源，如城市规划与土地利用数据以及移动通信与社交网络信息等。大数据技术利用对多样化、大规模数据的高速处理能力分析、处理这些关联数据，可以有效提高对城市交通流的分析评估，并将分析结果运用于城市交通流分析。

大数据技术为从微观到宏观的交通流分析提供了丰富的数据技术基础，并通过快速的处理分析和数据挖掘处理分析这些数据，为交通流分析提供评估分析依据。城市交通大数据采集的常规的交通领域数据（如车辆轨迹数据、线圈流量数据等）不仅能用于微观的车辆轨迹交通流分析，如 NGSIM（Next Generation Simulation）车辆轨迹数据在微观交通流分析的应用，而且可用于宏观路网的交通状态分析，如基于线圈数据和车载 GPS 数据的道路宏观交通状态基本图（Macroscopic Fundamental Diagram，MFD）分析。城市交通大数据同时采集了城市气象与环境数据、人口与社会经济数据、城市规划与土地利用数据，以及移动通信与社交网络信息等关联数据。大数据技术分析评价这些关联数据对城市交通流的影响，主要是通过分析评价历史或实时的关联数据，对城市交通量进行评价和估量，并将分析结果运用于城市交通诱导控制等应用。城市交通大数据技术的交通流关联分析能够为城市交通流分析提供由点到线、到面的全方位数据支持。

（一）基于气象环境数据的关联分析应用

1. 基于气象环境数据的交通指数预测

在恶劣的天气条件下，道路交通运行条件会显著恶化。相关的统计资料表明，下雨天是造成城市拥堵的重要原因，晚高峰高架道路平均行程车速将下降 20%，主要商圈周边的地面干道平均车速下降 10%~30%。因此，不利的气象条件会对道路交通状态造成不利的影响。天气状况不同，人们出行的方式不同，交通状态也不同。为了能够对不同天气下交通状态指数进行有效的预测，初步将天气分为正常天气和异常天气，正常天气为晴天，异常天气为雾、小雨、中大雨、小雪、中大雪等六大类。以正常天气交通指数为基准，取六类异常天气，对日期 7×6 组模式进行分析，通过利用定量的描述趋势相似度的方法，分析每组的交通指数模式相似度。通过分析，异常天气下交通指数趋势和正常天气下交通指数趋势特征相似，但存在交通指数绝对差值。这种不同在设计天气交通指数预测模型时，可以根据异常天气交通指数和常态交通指数相对差值，提取天气影响因子。

2. 基于气象与环境数据的交通出行诱导

气象和环境对城市道路交通具有重大的影响作用，不良的气候条件会严重影响道路车辆行驶。恶劣的天气条件（如雨雪、大雾）不仅影响车辆的行驶速度，增加出行者的行程时间，导致道路通行能力下降，而且容易诱发交通事故。交通大数据技术主要是通过分析关联的气象和环境信息数据，根据历史的交通流数据，分析预测道路的交通流情况和事故易发地点。

美国交通部高速公路 511 信息平台系统（以下简称"511 平台"）的道路气象信息发布是一项基于气象与环境数据的交通大数据利用的典型应用案例。信息系统的建立旨在为交通出行者提供实时的交通信息服务（道路、气象、管养等综合出行信息），实现广域信息资源共享，提高人们的出行效率和舒适度。考虑到高速公路交通易受风、浓雾、暴雨、冰雪、雷暴、积水等气象条件的影响，"511 平台"收集了历史的高速公路流量和天气数据。

结合历史数据和天气数据，"511平台"建立了道路流量与天气的关联信息数据库。数据库通过分析历史的交通流量和天气的关系，获取适宜出行的气候条件消息。同时信息平台收集实时的气象信息，结合历史的气候信息和交通信息的关联数据库预测特定路段当前气候情况是否适合出行。"511平台"采集的历史和实时的气象信息，以及相应的道路信息储存在系统数据库中，数据库分析二者的关联性，并将这些信息通过网络和"511平台"短信服务发布给出行者，为出行者提供合理的出行建议。

（二）基于人口与社会经济数据的城市交通流关联分析

城市交通不但影响着城市人口和社会经济的变化，同时也受到城市人口和社会经济发展的影响，因此城市交通和城市人口、社会经济发展之间具有紧密的联系。利用城市交通大数据技术能够收集城市人口与社会经济数据，通过数据挖掘技术，分析城市人口、社会经济数据与城市交通数据的内在联系，通过人口和经济数据变化预测未来城市交通发展方向。城市人口增长与社会经济的发展对城市的交通发展具有促进作用，最为明显的就是交通量的变化。

随着城市人口的增多，经济的发展，城市交通量也会相应增加。因此，城市交通大数据技术可以通过分析历史人口数据、社会经济数据与城市交通数据的关联性，建立回归增长模型，确定人口增长及社会经济数据对城市交通数据变化的影响系数，并用于以未来人口、经济发展数据为参数的模型中，进而预测未来城市的交通流变化。由于人口具有流动性，区域人口处于时刻的变化之中，传统的交通调查获取人口分布的方式由于时间周期长，难以体现出这种变化的特性，易造成规划决策及管理上与现状的脱节，这种情况在经济高速发展的今天显得尤为明显。基于移动通信网络的数据，提供了一种变化情况下的区域人口检测手段，如基于移动通信数据，能够获取白天、夜间人口的分布情况。

（三）基于移动通信和互联网数据的城市交通流关联分析

21世纪是信息化的世纪，得益于信息化技术的发展，城市交通量分析也可以通过移动通信及互联网等信息化数据实现。移动通信是当代每个人日常生活中不可或缺的通信方式。随着移动通信技术的发展，移动通信设备遍及每个交通出行者手中，这些移动通信设备为交通出行信息提供了海量的数据。大数据技术采集并整合移动通信数据，用于城市交通流分析。移动通信设备通过地点更新（location update）、切换（handover），以及通话、短信等通信活动向移动通信基站发布设备的时间和位置信息，通过收集和分析这些移动设备的时空信息，可以获取相应的交通出行信息。同时，移动通信设备信息传播加密也保障了出行者的个人信息不被泄露，保护了出行者的个人隐私。

目前，一些研究团队和机构致力于基于移动通信的出行信息获取方法研究，并取得了突出的成果。一些研究成果已经运用于城市道路交通流量分析，而这些研究和分析得益于城市交通大数据技术的数据融合解决方案。大数据技术、数据融合解决方案能够进行多种数据源间的多种融合，其融合数据源包括手机网络、GPS浮动车、感应线圈、地面

SCATS 系统，以及高速公路收费站信息。同时，基于位置的社交网络数据的地理位置和时间信息也能够为城市交通流关联分析提供大量数据支持。互联网上的社交网络具有地址签到功能，能获取社交网络用户签到的时间和位置信息。同时一些手机用户也会利用一些交通路况信息软件上传出行的时间和位置信息。通过分析这些社交网络数据，可获取出行的相关信息，用于城市交通流分析。城市交通大数据技术通过采集并整合这些移动通信和网络的交通出行数据，为城市交通流分析提供更准确、更全面的出行信息。

三、城市交通方案选型原则

（一）方案选型的总体原则

Hadoop 系统在设计时需要考虑并行环境，购买硬件构建集群时需要了解系统是否对接其他系统，是否需要进行二次开发，还要考虑开源项目是否有商业支持等。总体而言，一个可行的方案要考虑以下问题：是否有超过几 TB 的数据（数据量）？是否有稳定、海量的输入数据（增长迅速）？每天有多少数据要操作和处理（并发性）？用户期望的系统响应时间大概在什么范围（实时性）？哪些计算任务是可以通过批处理的方式来运行的（离线分析任务）？用户和分析人员期望的数据访问的交互性和实时性要求是怎样的（友好的交互）？数据的生命周期是多长（数据存储设计）？用户期望的投入 / 产出是多少（性价比）等？

（二）高可靠性要求

由于 Hadoop 1.0 时代是 Master/Slave 的结构，并不具备高可靠性，所以存在单点故障的问题。随着集群规模的扩大，首先要解决的就是单点问题。如果只有一个单点挂掉，且没有办法及时恢复，这种情况下就不能响应客户端的请求，会影响用户的使用。其次，对大内存的管理也是要解决的问题，由于存储文件增加，元文件也会增加，Master 机器的内存便会逐渐增加，继而达到"瓶颈"。对于数据文件本身，Hadoop 主要依据 HFS 文件系统的特性来实现高可靠性，根据配置可以实现数据的备份数量，一般建议最多为三份，以达到可靠性和 I/O 性能之间的平衡。对于元文件系统本身，由于 Hadoop 1.0 产品存在单点故障，所以基本都会设计从节点实现镜像备份，以及添加 NFS 存储，实现双备份；Hadoop 2.0 使用最新的资源统管理系统（YARN），解决了单点故障，优化了任务执行等，大幅提高了数据访问效率。

（三）并发性要求

Hadoop 本身是支持高并发的，但这并不是 Hadoop 最擅长的领域。现在很多互联网公司都在高并发上加大研发力度，因为互联网公司对这种要求是最迫切的。在开发 Hadoop 高并发应用时，还需要注意以下问题：系统规划时，在网络配置中将常访问的数据节点靠前配置。在计算节点上配置更多核的 CPU，调整 Linux 系统的 I/O 访问限制，在应用中使用 Hadoop 分布式缓存机制，必要时增加专用的缓存服务器，充分运用缓存、索引数据分片、减小加锁粒度等技术。

四、城市交通大数据平台设计方案

（一）分布式软件系统方案

设计一个分布式软件系统方案之前，首先考虑的是当前业务应用环境和业务应用，其次考虑成本、方案目标及要实现的效益。此外，还要考虑其他多方面因素，使最终制订出的方案具有针对性和可操作性。根据交通领域的特点，采集和处理的数据基本都是传统数据库存储的，每条记录转换存储到 HDFS 之后，都会成为很细小的文件。根据这个特点要制订特定的处理方案，Hadoop 在处理小文件时并不具有优势，因此需要一个数据转换工具，能够将数据库的小文件或者直接存储到 HDFS 时的小文件转换成大文件，并减少文件个数。无论处理方法如何演变，都是围绕着数据展开的，在交通领域，数据底层处理仍然是以传统数据库为中心，对接现有的业务系统。在存储上使用 Oracle 和 HDFS，Oracle 存储常规数据和经常需要变化的数据，HDFS 存储每日增长迅速且极少变化的数据；Oracle 和 HDFS 都有自己的备份方案，互不干扰。海量的实时数据查询将建立在 HBase（分布式的、面向列的开源数据库）基础之上，如果利用 cloudera 公司的 impala（新型查询系统），使用将更加方便快捷；离线的批处理任务一般都以 Hive（基于 Hadoop 的一个数据仓库工具）为基础，适合大数据量、复杂、长时间的运算任务。这些都是隐藏在使用界面后面的，因此需要开发一套用户界面，提供查询、提交任务、监控任务等，管理和监测分布式软件环境的管理系统。

（二）优化方法

大数据的处理机制是类似的，而每个业务系统的数据是多样的，因此大数据平台的使用者都会对自己的平台进行优化，以实现很高的效益比。通用大数据的优化要考虑业务特性：I/O 密集型业务、计算密集型业务。针对这两种特性在硬件采购上时要考虑：I/O 密集型的要调整带宽，购置高性能的磁盘和交换机路由器；计算密集型的则配置高性能大容量的内存和 CPU。增加带宽能解决一些数据传输量大的问题，如碰到生成大量中间数据的应用时（输出数据量和读入数据量相等的情况），建议在单个以太网接口卡上启用两个端口，或者捆绑两个以太网卡，让每台机器提供相当于两倍单机的传输速率。除了要考虑以上通用的因素外，交通类型的大数据也有自己的特点，文件细小，数量多，所以存储时，交通类的数据需要被压缩、合并，形成大块的数据文件。在数据转换时，需要根据业务特性进行数据清洗，剔除一些不常用的字段。

五、城市交通大数据服务

（一）城市交通规划与建设

1. 城市交通规划与建设内容

在城市交通规划与建设方面，城市交通大数据提供的服务主要包括以下三个方面。

第一，在资料收集阶段，融合多种数据资源的大数据获取和分析技术将逐步取代传统的交通调查方式，为交通规划和建设提供更为实时可靠的资料。特别是移动通信技术的发展，智能手机的普及以及相关手机应用软件的使用，使获取连续出行的"电子脚印"成为可能。在此基础上，可以得到覆盖全市范围的交通状况信息和交通需求信息，为交通规划和建设方案的形成提供了坚实的基础。

第二，在规划建设过程中，将大数据分析技术与城市交通模型相结合，关注的重点不再局限于单一交通方式，而是将多种交通方式综合考虑，构建衔接紧密的城市综合交通服务系统。

第三，在综合评价方面。依托大数据分布式计算和交通流、信息流的支撑将使规划建设方案的评价更加方便。从综合交通系统出发，更加关注交通方式的相互竞争和合作，交通资源和服务的整合。结合人口社会、气象环境等相关领域的数据，还可以对规划建设方案的社会经济、能源环境等外部影响进行估计，促进可持续发展交通系统的建立。

（1）公共交通比较竞争力分析。

对于城市交通战略，最重要的问题是如何引导城市交通模式走可持续发展的道路，特别是如何将个体出行方式（小汽车）转移到公共交通出行方式，这些是交通决策者关心的热点。交通方式分担结构是多种因素共同作用的结果，能够说明城市交通模式的整体演变趋势。下面以日本三大都市圈为例，分析公共交通方式的比较竞争力。日本的中京都市圈（名古屋都市圈）相比于首都都市圈（东京都市圈）和近畿都市圈（大阪都市圈），其汽车的分担率明显要高，且依旧呈现增长的趋势。提高城市公共交通分担率需要视城市实际情况而定，因此，下面对城市中公共交通和个体机动交通的空间分布结构进行讨论。名古屋都市圈轨道交通定期券使用者（可以在一定时期内使用的车票，类似于国内的月票）和小汽车使用者发生交通量，从中可以清楚地看到小汽车使用者的比例远高于轨道交通定期券使用者。通过两种交通方式吸引量的对比，人们可以进一步看到轨道定期券交通吸引最集中于城市的中心，而小汽车吸引量则在城市外围具有几个集中吸引区。将日本三大都市圈进入轨道系统所采用的交通方式进行对比可以发现，名古屋所在的中京圈步行比例明显低于其他两个都市圈，而采用小汽车换乘的比例则大大高于其他两个都市圈。综合以上多种角度的分析，决策判断趋于明晰：名古屋所在的中京都市圈轨道交通竞争力较弱的原因是，轨道交通的密度相对于其他两大都市圈较低，进入轨道系统对机动化方式依赖性相对较高；轨道交通在通达时间上缺少竞争力。公交优先是解决人口、产业密集的大城市交通问题的有效途径，但如何提高公交的竞争力，将个体出行方式引导到公交是交通决策者关心的问题。运用城市交通大数据技术可以对多种交通方式运行的数据进行采集和分析，并以相当规模城市作为依托进行类比，从而发现公交服务的薄弱环节，提出有针对性的解决方案。

（2）综合交通系统整合。

在城市土地资源和通道资源日趋紧张的情况下，如何加强多种交通方式的衔接，形成综合交通服务系统是城市交通规划和建设的重点。下面以日本东京都市圈为例，介绍以轨道交通为主体的综合交通系统。轨道交通是东京都市圈的交通服务主体，在50千米半径范围内提供有效的连通性，同时多种交通方式为轨道交通提供了有效的换乘支持。东京都市圈交通需求具有很强的向心特征，相对应地，轨道交通与其他交通方式的衔接呈现一种圈层结构：中心城区（30千米半径范围）步行成为轨道交通的主要换乘方式，即"步行＋轨道交通"的综合交通服务模式；在第二空间圈层（30~50千米半径范围）自行车和摩托车与轨道交通形成了主导性换乘关系，扩展了轨道交通车站的服务半径；在都市圈外围地区（50千米半径范围以外）则主要依靠小汽车交通方式与轨道交通换乘，以适应较低的轨道覆盖密度条件。东京轨道交通由不同系统构成，私铁（由民间财团投资和经营的铁路）、JR（Japan Railways，日本铁路公司经营的铁路）和地铁均占有重要地位，在轨道系统内部存在多样化换乘关系。通过精细的数据分析可以发现，换乘时间和换乘距离成为制约轨道交通服务水平的短板之一。加强多种交通方式的衔接，是建立综合交通服务系统的关键，也是下一步城市交通改善的重点。因此，需要采集多种交通方式的运行数据和用户的体验信息，精细分析多方式间的换乘情况，进行逐步改进。

2. 城市交通管理

在交通管理方面，城市交通大数据服务主要体现在交通出行需求管理和交通系统运行管理上。交通出行需求管理方面，大数据服务体现在交通需求的群体细分，以及出行者的交通行为分析，通过采取错峰、限行、收费、补贴等有针对性的政策和措施，引导和调控交通需求，保障交通系统的通畅，促进交通系统的可持续发展。

（1）旅游交通追踪分析。

移动通信数据为分析旅游交通需求提供了良好的数据基础，下面以2010年上海世博会为例，分析外地游客的交通需求特征。第一，世博会外地游客活动范围分析。对外地游客活动区域的分析主要是通过查找游客在上海市内的主要停留位置，并以空间聚类的方式进行。用户在每个基站区域的停留时间通过下一条信令与上一条信令发生的时间差来确定。在此基础上，采用15分作为判别是否在该基站区域停留的标准，从而获得用户停留位置信息。统计各基站的停留"人—时"情况，获得其相应的活动强度分布图。第二，游览景点关联性分析。采用关联规则挖掘技术，对主要景点间的关联性进行分析。通过景点间支持度、置信度等指标，描述世博会外地游客在上海市内各个景点选择的关联性。首先设定最小支持度与最小信赖度两个阈值。设定最小支持度min-support=5%，其意义在于所有的游客活动方位记录中，至少有5%的游客同时游览了A、B两个景点；最小信赖度minconfidence=50%，其意义在于所有游览了A景点的游客中，至少有50%的人会去游览B景点。根据分析各景点间的关联原则，发现游客对外滩区域的旅游热情较高，而选择五角场的游客数量较少；在商业街方面，徐家汇与其他景点的关联性较差，首先可能是因为徐家汇与其他商业街的方向不同，也就是不顺路，大大降低了游客选择的可能性；其次可能是因为游客对同质旅游地区选择重复旅游的可能性不大。旅游交通以外地游客为主，具有季节性、随机性特点，传统需求调查通常采用问卷调查方式进行，但很难获得准确的交通需求时空分布和实时变化情况，给相应的交通规划和交通服务设置造成困难，以移动通信技术为代表的新一代交通采集和分析技术为旅游交通和流动人口的交通需求分析提供了新的技术手段。

（2）城市快速道路上交通构成和车辆使用特征分析。

第一，车辆使用程度聚类。车辆使用频率：一天中，车辆被车牌识别系统检测到（无论多少次）则表明车辆当天处于使用状态，使用频度为1；如果人们分析了30天的车牌识别数据，那么车辆使用频度应为1~30。选取车辆的工作日使用频度、非工作日使用频度以及车辆处于使用状态的平均每天检测次数作为聚类指标，采用K-Means方法对车辆进行聚类分析，得到最优簇数（类别数）。如果车辆使用的频率占比高，则说明该类车辆在路网的总体活跃程度高，反之则较低。

第二，车辆属性间关联分析。车辆属性间关联分析主要对车辆使用程度与车辆属地的关联对各类别的车辆属地构成进行分析；对车辆使用程度与时间的关联进行分析；对观测期间30天内每天不同类别的车辆构成进行分析，并从中考察每天不同类别车辆所产生的数据记录量。

（二）从IC卡数据中提取公交乘客行为信息

1. 基于个体行为特征的用户分类

（1）基于个体属性特征的用户宏观组成结构分析。

公交乘客宏观组成结构分析的目的在于：判断经常乘坐公交的用户比例，评价乘客对公交依赖的程度，确定提升公交分担比时所需要争取的对象人群，以及该类人群乘坐公交的行为特征。将公交使用程度定义为使用强度和使用连续性的函数，根据公交使用程度对IC卡用户进行分类，可以通过不同年份各类用户的数量、变化对比，测试公交是否具有持续竞争力，也为研究公交使用程度与常规公交——轨道交通换乘关系、公交服务区位等的关联提供基础。

（2）乘客结构的宏观稳定性和微观波动性。

为了判断乘客组群划分是否具有稳定性，需要研究其宏观和微观的波动特征。所谓宏观是指组群的集计结果，微观则是指个体组群属性。上述聚类分析所依托的K-Means聚类法主要考虑的是围绕不同的均值中心来计算绝对值距离最小化以进行分类，尽管可以判断出数据的特征，但是为了更加细致地解读数据，有必要结合具体背景加以矫正。利用公交通勤需要进行换乘和不需要换乘分别定义两种通勤类别（周乘坐次数均值分别为 10 次和 20 次），以及偶尔使用公交类别和经常使用公交类别，并且定义适当的过渡类别，将这种定性判断和 K-Means 聚类法结合。但是总体数量结构稳定并不意味着每组具体成员保持稳定。为了便于讨论问题，先利用一周乘坐公交次数将用户划分为几个组别，然后看每个组别用户每周的乘坐次数是否都会在更长的时间落在同样的周平均乘坐次数范围内。这种情况说明，尽管各个组群宏观数量结构具有稳定性，但是组群成员构成却容易发生相当程度的波动。换句话来说，如果试图在时空细分基础上具体分析乘客构成，单纯依靠周乘坐次数进行用户分类有可能出现问题。

2. 公交换乘行为分析

由于常规公交与轨道交通的 IC 卡系统数据记录的内容有所差别，所以对不同换乘类型采用判断思路有所不同。第一，轨道与轨道出站换乘（RR-OUT）。轨道交通的 IC 卡收费系统精确记录了乘客进出轨道站点的时间和站点位置，可以应用前一次出站时间与后一次进站时间间隔来判断换乘关系。换乘阈值定义为前一次出站到后一次进站之间正常换乘所需的时间。第二，轨道与轨道站内换乘（RR-IN）。在轨道交通车站内部进行换乘，IC 卡系统没有记录第二次上车的时间，无法确定两次乘车的时间间隔，不能应用换乘阈值来判断。这种类型，可以根据乘客进、出站点之间是否有直达轨道线路，加上适当路径选择假设来确定，也可以通过移动通信数据对多数乘客换乘站点进行识别，从而判断选择换乘地点的概率。

第七章 金融大数据应用

第一节 大数据与资产管理

一、大数据资产管理时代已经到来

按照现代金融理论的划分，金融系统具有六项基本功能：资源配置、支付结算、风险管理（资产管理）、价格发现、产权分割及提供激励。其中，前两个功能处于基础性地位，而风险管理（资产管理）则处于核心地位。之所以将风险管理与资产管理等同起来，是因为风险本身就是一种特殊的金融资源。金融机构在对风险进行管理的过程中，实际上就是进行资产管理的过程。

从产业链角度，"与一般产业形态相类似，资产管理行业业务组织是依据特定的逻辑关系和时空布局关系而客观形成的链条式关联关系。其本质是一个具有某种内在联系的业务形态集群结构"。金融机构的资产管理业务可分为上、中、下三个部分：上游业务包括产品设计与创新、投资管理；中游业务包括提供通道业务、风险管理；下游业务包括客户定位与开发、客户维护与服务、品牌营销与增值。

近年来，随着金融业"大数据时代"的到来，资产管理行业与大数据的"联姻"也日趋紧密、蓬勃发展。在资产管理领域内，大数据的优势体现在：在大量挖掘和科学分析数据信息的基础上，掌握有助于业务活动高效开展的关键信息，从而为资产管理主体做出决策提供依据和指导。在资产管理的各个方面，大数据都有独特的价值，发挥出重要作用。

首先，产品开发"多元化"。依托大数据，资产管理者能为用户提供具有针对性和个性化特色的产品和服务，以融入市场多元化发展潮流。产品开发的多元化具体表现在两个方面：其一，通过数据挖掘、整合与分析，能为资产管理者提供有关用户的有价值的信息，从而使其更准确地把握用户的行为倾向，为其提供新产品；其二，大数据既有大量的结构化数据，同时也将图片、音（视）频等非结构化数据包括在内，体现了数据的全面性，这些数据为投资管理提供了数据支持，促使资产管理特色更加突出。

其次，风险控制"智能化"。面对日益凸显的流动性风险，资产管理者借助多样化的数据信息科学分析流动性风险，据此制定出资产管理策略。

最后，市场营销"精确化"。目前，资产管理行业的市场营销主动而不"精确"。产品虽然被积极地推荐给客户，但是并不一定匹配客户的真实需求，因而限制了市场的进一步拓展。基于大数据的精确营销正在改变这一现状，依托大数据把握客户偏好，实现客户的精确分层、产品的精确推送和销售战略的精确调整。同时，精确营销也为产品开发提供了重要的逆向指导。通过准确把握客户的理财习惯和资金运用规律，资产管理者可以为细分的客户群定制个性化的理财方案和相应产品。

除了微观层面，大数据也正在重塑资产管理行业的宏观格局，行业竞争势态和行业监管形态正随之发生重大的变革。

第一，行业竞争"跨界化"。大数据打破了资产管理行业与互联网行业的传统界限。与互联网企业共享大数据资源正成为银行、基金、保险等中国资产管理行业六强争霸的新战场。阿里巴巴、腾讯、百度等互联网巨头拥有天然的大数据资源和卓越的客户分析技术，同时正在构建涵盖垂直搜索、资产管理产品销售、移动支付等功能的金融大平台。借助与互联网企业的合作，资产管理企业将取得新的信息优势和渠道优势，充分发挥大数据的威力，重构现有的竞争格局。

第二，行业监管"高效化"。大数据技术在行业监管领域已经大显身手，有力地促进了资产管理行业的健康发展。一方面，基于大数据技术的监管自动化，能够成倍提升资产管理行业的监管效率和准确度，降低监管成本，有效打击内幕交易等违法行为。另一方面，基于大数据技术的市场实时监控和风险预警，能够在恶性行为造成实际危害前及时发现和阻断这些行为，从而降低投资者的损失。2013年以来，中国证监会借助大数据稽查系统，准确侦破了多起"老量仓"案件，在基金行业掀起了愈演愈烈的"打量风暴"。

随着双方"联姻"的不断深入，大数据对资产管理行业的变革贯穿整个运营环节，涵盖微观和宏观多个层面。总体而言，得益于大数据技术，资产管理行业的服务更加完善、竞争更加激烈、监管更加高效。这将为资产管理行业注入新的活力，推动迎来新一轮的繁荣与发展。

二、金融机构资产管理变革

（一）大数据与风险管理

金融的本质就是利用信息优势为交易双方提供服务的中介。数据与风险是其中的两大要素。数据的获取与分析能力决定信息优势的大小，这是核心竞争力所在。

互联网强大的信息创造及信息流整合功能，在提升透明度的基础上助推人类社会迈入了大数据时代。而以之为前提的云数据处理技术的出现，客观上使发掘和整合传统抽样调查所无法描述的细节信息成为现实，并且这些云数据所包含的个人或企业的信用信息比商业银行等金融中介传统的信用评级技术所得的结果要更为准确。

利用大数据进行风险管理的基本步骤包括数据准备、加工、分析和应用四大块。数据原料包括个人基本信息、银行账户信息、银行流水信息及相关的互联网数据。这些数据类型多样，有些并不能直接利用，需要加工成标准化的数据，然后放入模型中，基于不同的算法进行数据挖掘，最后得到需要的相关信息，从而辅助决策。

（二）大数据与客户开发

与一般商品不同，金融产品存在三大特点。第一，金融产品相对复杂，产品性质往往深奥难懂。第二，金融产品的客户群体现出明显的分散性，其经济背景、消费偏好等因素在很大程度上影响着自身的产品需求。第三，金融市场富于变化性和不稳定性，客户对于某一金融产品的购买决策具有时效性与迅捷性，如果购买体验达不到预期要求，往往会选择放弃。可见，在金融产品的营销上，满足客户的个性化需求显得至关重要。因而要尽可能多地掌握客户群的相关信息。

大数据适应了金融产品的这些特点。一般而言，利用大数据进行客户定位与开发包括以下四个步骤。

（1）合理划分区域。人们的生活往往可以被划分为多个圈子，如生活圈、工作圈、兴趣圈等。每个圈子又可以被进一步划分为多个更小的圈子。在金融领域，将客户划入特定的圈子中，是营销业务高效实施的需要。依据现有技术，能够提取他们的姓名、工作单位、住址、电话等数据。有条件的情形下，还可以凭借客户的手机定位信息，或者他们撰写微博、发送图片的位置信息等确定他们的区域归属。

（2）区域客户画像。针对一系列典型圈子的客户个人特点、消费情况、业务情况进行分析，详细掌握客户特征，能够保证"知己知彼"。

（3）行为偏好分析。这是在商业应用中对客户实现差异化营销非常重要的一点，用以达到对客户的深度认知、判断。

（4）遴选营销活动。在完成以上的前期工作后，合作企业可以较为顺畅地开展后续营销工作。在营销活动中，一定要对客户有针对性，做到因人而异地推销服务。例如，面对商务圈的客户，应该优先选择电子邮件、信息发送等方式，并且最好在休息时间内推送，以避免他们因工作繁忙而忽略信息；对于家庭主妇而言，可优先选择电话营销方式，这样便于获得她们的关注，提高成功率。

第二节　大数据与量化投资

一、量化投资的基本策略

近年来，量化投资领域涌现出了一大批各具特色、灵活多变的证券投资策略，并经受住了市场实践的长期考验，如量化选股、量化择时、股指期货套利、商品期货套利、统计套利等。

（一）量化选股

量化选股是指通过数量分析来判断是否将一只股票放入股票池。具体的方法一般包括公司估值法、趋势法和资金法。公司估值法通过对基本面的分析得出公司股票的理论价格，在与市场价格的比较下决定高估或低估，从而决定买空或卖空。趋势法将市场的表现分为强市、弱市及盘整三种形态。投资者根据不同的形态做出相应的投资决策，跟随趋势或者反转操作。资金法是指根据市场主力资金的流动方向来决定自己的投资决策。一般情况下，跟随主力资金的流向可以获得短期超额收益。

（二）量化择时

量化择时是指利用数量化的方法，在对宏观、微观指标进行量化分析的基础上，找到趋势延续或反转的关键信息，把握市场走向。随着计算机技术及混沌、分形理论的发展，股票收益的非线性相关关系也逐渐被发现，推翻了随机游走的假设。很多学者开始利用非线性动力学的方法来研究股价收益率的变动，大大提高了对股票收益预测的准确度。具体而言。量化择时有趋势择时、市场情绪择时、牛熊线、Hurst 指数、支持向量机分类、SWARCH 模型等方法，这些方法有各自特定的理论基础。例如，趋势择时的基本思想来源于技术分析，而 Hurst 指数则是分形理论的具体应用。因此，每一种方法都有其优势，也有其局限性。由于大盘趋势和宏观经济的各种指标（GDP、货币供应、外汇政策等）有较高的关联度，上述方法在使用前要做具体的适用性分析，必要时可以综合使用。

（三）股指期货套利

股指期货套利是指利用股指期货市场上价格的不合理性，同时进行股指期货与现货市场的交易或者不同期限品种间的交易，以赚取差价。因此，股指期货套利包括期现套利、跨期套利、跨市套利及跨品种套利。其中，最主要的是期现套利和跨期套利。通常情况下，期现套利属于无风险套利；跨期套利是利用不同交割期合约的不同价格进行套利交易。在市场预期稳定的情况下，不同交割期合约的价差应该保持在一个合理的范围内。当价差落到这一合理范围外时，就会产生套利机会。因此，跨期套利的核心在于计算合理价差，不同合约价差都会向这一均衡价差收敛，这也是股指期货套利的一个理论基础。

（四）商品期货套利

与股指期货套利相似，商品期货套利也要借助对历史数据的统计分析，把握最佳套利时机。不同之处在于，商品期货的跨市场套利与跨品种套利更普遍。同一期货商品在不同的市场进行交易时，除了地理环境等固定因素，市场供求、市场交易结构等因素也会导致价格的不一致。因此，跨市场套利可以抓住这一时机，在一个市场上买入某个交割月份的期货，在另一个市场上卖出同一交割月份的期货，从而赚取价差。跨品种套利在商品套利中也是非常普遍的。在很多情况下，某一现货产品可能没有对应的期货产品，但与另外的期货产品具有稳定的相关关系，如铜现货与金期货，在二者的价格偏离正常轨道时，进行反向操作可以获得利润。

（五）统计套利

统计套利是一种有别于无风险套利的方法。它不依赖于具体的经济含义来构建投资组合，而是主要利用股票的历史统计规律进行套利，因此，该方法的风险在于根据历史价格得出的统计规律在未来能否延续及延续的时间跨度。统计套利一般可以分为两类：β 中性策略和协调策略。前者建立在股票收益率的基础上，通过调整投资组合，使组合的 β 为 0 并且实现 Alpha 收益。后者直接基于股价进行建模，根据历史数据选择相关关系强的投资产品，利用协调的方法找出长期均衡关系。在价差的偏离超过设定阈值时开始建仓，买高卖低，再根据累计收益率对均衡关系的偏离程度选择平仓时机。相较而言，以上两种方法都能够规避市场风险，但 β 中性策略更容易发出错误的交易信号，原因在于 β 中性策略是一种超短线策略，如果日偏离在短期内得不到恢复，就会导致策略的失效。实践中，统计套利可以应用到股票配对交易、股指对冲、融券对冲及外汇交易对冲等领域。

（六）算法交易

算法交易是指利用计算机程序来控制交易的方法，其控制的范围包括交易时间、交易价格及成交量。通常情况下，算法交易有主动型、被动型和综合型三大类。其中，被动型算法目前最为成熟，其优势在于可以减少目标价与实际成交价之差。实践中，该方法可以细分为成交量加权平均价格的方法及时间加权平均价格的方法等。与被动型不同，主动型算法体现出高度的灵活性，交易决策往往随着相关因素的变化而发生改变，体现出时效性。例如，在市场对投资者有利时，可以自动修改模型的参数，加快交易的进行。综合型算法交易融合了前两种方法的优点，在设定具体交易目标的同时又能够兼顾市场的实时变化，对交易做出相应调整。这种方法可以通过将交易指令分拆、散布到各个时间段内来实现。

另外，目前市场上还存在一些针对特殊投资品种的量化方法，如期权套利、封闭式基金套利及 ETF 套利等。这些方法与上述的股指期货套利及商品期货套利的原理相似，只是具体操作方法略有不同，在此不再赘述。应该注意的是，在大数据时代，高频交易作为量化投资的一个新策略与新方向正逐渐被人们所重视。

二、量化投资的主要工具

量化投资是计算机、数学与金融的综合应用。开发和实施上述的量化投资策略，通常涉及数据挖掘、人工智能、小波分析、随机过程、分形理论及支持向量机等技术工具。在此，对数据挖掘、人工智能、小波分析做出简要分析。

（一）数据挖掘

数据挖掘是从数据库中挖掘知识的一个基本步骤，其模型主要分为分类模型、关联模型、顺序模型及聚类模型等，其典型的方法有神经网络、决策树等。数据挖掘广泛地应用于板块轮动策略中。由于股票市场经常出现板块轮动、涨跌不一的情况，因此可以利用基于关联规则的板块轮动策略进行套利。

（二）人工智能

人工智能包括机器学习、自动推理、人工神经网络及遗传算法等。人工智能主要应用于短线择时领域。由于短期的趋势判断较为容易，投资者收集信息的方式对于信息优势的形成具有关键的作用。

（三）小波分析

小波分析是傅里叶变换的拓展，能随着频率的变化自动调整分析窗口的大小。金融时间序列体现出非平稳性和非线性的突出特征，使得以往的去噪方法难以有效解决问题，但小波分析方法的运用，对于量化投资具有积极作用。

此外，随机过程、分形理论和支持向量机也在量化投资中发挥着重要作用，为提高量化投资的有效性，应该选取适宜的技术工具，必要时可综合运用多种工具。

三、大数据在量化投资中的应用

（一）高频交易数据的应用

大数据技术在量化投资中已经得到了广泛而深入的应用。其中，结构型数据的应用主要集中在高频交易领域。高频交易是指利用计算机"服务群组"来寻找市场中微小价差的方法。高频交易的交易量巨大，持仓时间很短，日交易次数多，因此计算机每秒都需要处理海量的结构化数据。由于高频交易催生了一批稳定、高效的盈利策略，很多国际知名的投资机构都斥巨资进行这方面的研究，并取得了丰硕的成果。相比较而言，国内的机构投资者在这方面虽然刚刚起步，但近年来利用高频交易获取的年化收益率都已经达到50%以上。

一般来说，高频交易策略可以分为两大类。第一类是将传统低频策略高速化实现，包括高频趋势追踪、高频统计套利、高频阿尔法套利等。以配对交易为例，配对交易策略的标的资产不仅可以是股票，还可以是期货、期权、货币等，因此，该交易策略具有广泛的适用性。在配对交易过程中，获取大数据和运用大数据分析方法显得尤为重要。第一步，要获得市场上庞大的交易数据，通过大数据的相关性分析方法，找到价格走势相关性高的证券；第二步，根据海量的历史高频交易数据，计算证券间的价格差，形成价格差的概率分布；第三步，依据概率分布设定交易触发条件和终止条件（阈值），当证券价格差超过A临界值时开始分别买进、卖出证券，而当价格差回归B临界值时则平仓；第四步，依据设置，如果证券价格差持续扩大到C止损点，也可以选择接受亏损而平仓。不难看出，在配对交易的量化投资过程中，大数据处于核心地位，一方面需要获取历史和即时的大数据作为分析的信息源，另一方面需要运用大数据的分析方法即刻得到分析结果。

第二类高频交易策略是凭借海量数据、高速交易而开发的新策略，包括自动做市商、猎物追踪、流动性回扣、市场微观结构交易策略及事件交易策略等。这些策略的持仓时间非常短。例如，自动做市商策略利用量化算法优化头寸的报价和执行，其持仓时间仅为 1 分钟。市场微观结构交易策略对观测到的报价进行逆向工程解析以获得买卖双方下单流的信息，该策略的持仓时间仅为 10 分钟。事件交易策略则利用宏观事件进行短期交易，该策略的持仓时间一般不超过 1 小时。由此可见，高频交易一般不涉及隔夜持仓，因此它避免了隔夜风险。这在流动性紧张、隔夜拆借利率高起的情形下显得更有吸引力。而且基于计算机的决策算法与执行算法的结合能够有效避免人工决策时的情绪影响，这对提高整体的投资收益极为关键。更重要的是。高频交易拓展了投资的深度与广度，不仅充分挖掘了市场的潜在信息，而且延展了市场范围。只要交易模型设计合理，就能在传统分析师不熟悉的市场上获得稳定的收益。

另外，开发高频交易策略也为投资者带来了巨大的挑战。首先，高频交易不仅数据量异常庞大，而且数据之间的时间间隔也并不一致。传统量化投资的分析方法完全不适用，因此需要引入新的工具和方法。其次，高频交易要求极高的精确性，交易信号的时间如果延迟或提前，盈利就可能转瞬间变成亏损。最后，执行的速度是高频交易的核心。提高交易速度是各投资机构一直追求的目标，而更快的速度需要更大的资金投入。

（二）非结构化数据的应用

目前，非结构化数据在量化投资领域的应用并不普遍，但是业界正在进行大量的尝试。非结构数据能够提供有价值的信息进而获得超额利润，这促使更多的公司在这方面加大研究投入，并且取得了一定的成果。

大数据指数基金已经成为国内金融创新领域的热点之一。之所以称为"大数据指数基金"，是因为这些指数基金的选股方式不再是传统的金融数据分析。相反，它们独辟蹊径地运用了互联网公司提供的非结构化数据，将媒体资讯、投资者情绪、消费者行为、网络搜索行为等信息纳入考试范围，以追求更加全面、准确地捕捉市场动态，优化股指成分，进而取得更好的投资表现。随着创新的不断推进，这些指数所采用的大数据来源也日新月异。

如果从数据的关注角度来划分，国内目前的大数据指数基金可以分为以下三类。

第一类主要关注消费者行为。其非结构化数据主要来源于消费支付的服务商，可以细分为线上消费和线下消费两种类型。例如，博时基金推出的"中证淘金大数据 100 指数"主要依托于蚂蚁金服的线上消费大数据平台。其中的交易数据信息对于把握行业发展程度、调整决策具有指导意义。而且通过大数据宏观板块优化、大数据个股量化评分等量化方法，挑选出最佳的 100 只股票，构成指数。

第二类主要关注网络信息和网民行为。其非结构化数据的提供方可以分为两种：一种是百度、奇虎、360 等中文搜索的行业先锋，另一种则是腾讯、新浪等财经资讯和网络社交的业务巨擘。

与前两类略有不同，第三类的关注范围更为专业化和精细化。其大数据来源更加集中于证券投资者这一特定人群，对该人群的投资意见进行汇总、分析和利用，形成"智慧众筹"，从而挖掘出有价值的投资决策。天弘基金的"中证雪球领先组合 100 指数"就是一个富有代表性的例子。借助雪球的数据库，指数开发人员先根据雪球用户的粉丝规模、投资历史业绩及活跃度进行评分，然后结合这些用户每月对个股的持仓比例和调仓幅度，对个股进行逐一评分。某只股票的持股用户评分越高、持仓比率越大、增持幅度越大，则该股的评分就越高。最后，评分最高的 100 只股票将成为股指的成分股。

由于其独树一帜的数据来源和选股方式，大数据指数基金形成了自己的独特优势。第一，非结构化数据的运用使得投资分析更加全面、深入。传统的证券研究方式主要依靠投研人员调研上市公司、获取财务数据来进行分析和决策。而在大数据的支持下，投资者情绪、市场资讯热点等非传统信息也加入了投资决策之中，从而加强了预测的合理性和准确性。第二，大数据指数基金调整灵活。大数据指数基金普遍换股快，个股投资比例小。因此，其调整周期较短，一般仅为一个月，能够更敏锐地捕捉市场的投资机会。基于这两点优势，目前国内的大数据指数基金都取得了较为稳健的投资业绩。

（三）大数据应用的挑战性与局限性

综上所述，大数据确实会对量化投资带来革命性的变化，能够使量化投资变得更科学、更准确。但是，我们也应该看到大数据应用的挑战性与局限性。概括来说，主要有以下几个方面的问题。

第一，非结构化数据不容易于使用，开发成本较高。与成熟的结构化数据相比，非结构化数据的使用现在还处在初级阶段，很多技术不成熟，开发该类量化策略的初期投入非常大。而且，与高频交易不同，该方法在后期的系统维护方面还有一笔高额的开支，需要根据非结构化数据范围的改变不断调整策略与系统。

第二，利用大数据的对冲交易可能会对虚假信息反应过度，导致市场的鲁莽行为。以往一些利用社交媒体提取情绪信息的原始交易算法无法利用小数据集进行预测，延缓了交易指令下达的速度。因此，最近的很多交易算法都致力于利用小数据集进行预测。

第三，大数据的应用急需整体系统的优化与提高。一般来说，量化投资要想发挥优势，必须首先具有一个合理的交易策略。其次量化交易系统可以分为订单生成系统与订单执行系统。两个系统只有同步协调，并辅以同步风险控制，才能保证交易的顺利进行。

由此可见，伴随大数据量化投资高收益的是新的风险，任何一个微小的失误都可能带来巨大的损失。因此，在利用大数据进行量化投资时，必须充分考虑风险性，设计合理的风险控制程序加以规避。

第三节　基于数据挖掘的自动化交易

一、基于模式识别的策略研究

证券高频数据能够更加准确地捕捉到证券市场发生的细微变化过程，已有大量的研究成果表明高频数据存在显著聚类特性。可尝试利用高频数据的聚类性特征，结合模式识别技术对证券的短期运行趋势进行预测。

模式识别是指对表面事物或现象的各种形式的信息进行处理和分析，以对事物或现象进行描述、辨认、分类和解释的过程，是信息科学和人工智能的重要组成部分。模式识别在证券投资中的运用，是将时间序列数据挖掘方法应用于证券行情的高频数据中，利用证券行情的历史走势来预测未来趋势，目标是识别或发现能够预测证券价格上涨或下跌超过一定情况的模式聚类。具体步骤如下：

（1）对历史高频行情序列 $X=\{X(t); t=1, 2, 3, \cdots, N\}$ 进行预处理，过滤掉其中的异常数据。

（2）将预处理的历史高频行情序列聚成为三类（X_1 表示上涨、X_2 表示平衡、X_3 表示下跌）。

（3）训练识别样品高频行情数据，评估阶段结果，反复训练优化系统参数。

（4）对于给定检验高频行情时间序列，$Y=\{Y(t), t=R\cdots W\}$，$N<R<W$，运用在 X 中发现的模式来预测 Y 中的事件（上涨、平衡、下跌），以此辅助投资决策。

通过对我国证券高频数据模拟分析得到，对以日为时间周期的数据，数据以 1 分为频率抽取的识别效果较为显著。因此，选用行情数据频率为 1 分，每日 240 个数据点。根据标的证券每天行情走势图与历史行情走势图进行对比，找出最为相似的走势图，再根据历史上最为相似的那天的 N 日后涨跌幅来决定买卖，并且考虑止损策略。

由于大盘蓝筹股公司运作相对规范，受市场关注度相对较高，受市场因素影响相对较少，股价运行趋势也相对平稳，因此选用大盘蓝筹股作为实证研究对象。研究得出，利用高频数据并结合模式识别技术对股票的短期预测有效性较高，通过样本外检验可以得到，应用高频数据并结合模式识别方法能够获得相对市场更为稳健的超额收益，且收益波动较低。

二、基于遗传算法的交易策略

遗传算法是一类借鉴生物界的进化规律（适者生存，优胜劣汰遗传机制）演化而来的随机化搜索方法。遗传算法的主要特点是直接对结构对象进行操作，不存在求导和函数连续性的限定，具有内在的隐式并行性和更好的全局寻优能力，采用概率化的寻优方法，能自动获取和指导优化的搜索空间，自适应地调整搜索方向，不需要确定的规则。遗传算法的这些性质，已经被人们广泛地应用于组合优化、机器学习、信号处理、自适应控制和人工生命等领域。以下通过实证方法，使用遗传算法构建具有实际应用价值的自动化交易策略。

由于沪深 300 指数不具有直接交易的条件，因此选择存在多空方向并具有实际交易价值的沪深 300 股指期货的连续主力合约作为策略的交易标的。策略构建过程如下。

1. 确定数据范围及交易类型

选择沪深 300 股指期货合约上市以来的分笔数据作为数据样本，样本量为千万级、数据总量达 2G，每条数据包含时间戳、买一价、卖一价、买一量、卖一量、成交价和成交量。其中，2010 年 4 月 16 日至 2013 年 1 月 1 日作为样本内数据，2013 年 1 月 4 日至 2014 年 3 月 27 日作为样本外的检测模型数据。为了避免股指期货主力连续合约的换月影响，将模型设计成日内交易模型。交易费用为交易所手续费的 5 倍，该冲击成本在实际成交中大致能够容纳 3000 万的规模。

2. 确定遗传算法处理流程

遗传算法包括数据、目标函数、策略的基因库（技术指标、下单类型、策略选项等）。通过最优目标函数求解，得到经过生物演化的最优交易策略。

（1）建立候选基因指标库等。表 7-1 为遗传算法指标库，涵盖多种典型交易技术指标。因为限价成交在实际交易过程中是概率成交（若限价不成交再追单会造成更多的冲击成本），测试结果存在一定的拟合性。因此，为了保证测试结果的实际应用价值，下单类型选择对价成交的方式。

表 7-1 遗传算法指标库表

Simple Moving Average 一般移动平均值	True Range 振幅
Exponential Moving Average 指数移动平均值	Average True Range 平均振幅
Moving Weighted Average Method 加权移动平均值	Standard Deviation 标准偏差
Triangular Moving Average 三角移动平均线	Bollinger Bands 布林带标准偏差
Moving Average Convergence Divergence 移动平均值的收敛和发散	Keltner Channel 凯尔特纳通道
Triple Exponential Moving Average 三角指数移动平均值	Lowest 最低值
Momentum 动量	Highest 最高值
Rate of Change 变化率	Volume 交易量
Fast K Stochastic 快速 K 随机	Accumulation/Distribution 凯尔特纳轨道
Fast D Stochastic 快速 D 随机	Chaiken Oscillator 蔡金震荡指标
Slow D Stochastic 缓慢 D 随机	Crosses Above/below 交叉上限和下限
Relative Strength Indicator 相关权重指示	Price Patterns 价格模式
Commodity Channel Index 商品通道指标	Day Of Week 星期
Directional Indicator 方向指示	Time Of Day 时刻
Directional Movement Index 方向移动指标	Absolute Value 绝对值
Average Directional Index 平均方向指标	

（2）寻找最优目标。综合考虑收益风险等多方面因素，建立目标函数，其中，最大利润（max_netprofit）权重为30%，最小回撤（min_drawdown）权重为30%，单笔盈利（max_aveTrade）权重为30%，交易胜率（pctWin）权重为10%。为了保证策略盈利的统计样本量，要求在样本内的交易次数（n_trade）不得低于800次，目标函数表示如下：

$$f=0.3 \times max\_netprofit+0.3 \times min\_drawdown+0.3 \times max\_aveTrade+0.1 \times pctWin,$$

$$且\ n\_trade \geqq 800$$

（3）确定遗传算法复杂度。包括种群大小值设为100、遗传代数值设为10，交叉因子和突变因子值分别设为0.6和0.5，二叉树深度设为3。其中，二叉树深度的算法中嵌入了神经网络算法。

3. 最优策略求解

在初始本金100万元的情况下，对固定的一手股指期货合约进行无杠杆交易可以达到96.52%的收益，年化收益约24.87%。其中样本内盈利74.2万元，样本外盈利22.3万元。样本内胜率为54.4%，单笔净利782.5万元；样本外胜率为53.87%，单笔净利润772.9万元。可见，构建的策略对日内短期的走势预测准确性高，具有强大稳定的盈利能力，并且在样本外的范围，交易策略也具有极佳的延续性。

自动化交易在证券期货市场上飞速发展，本章对自动化交易及大数据技术在其中的应用进行了介绍。首先，介绍了自动化交易的国内外发展现状及趋势；其次，遴选典型策略，介绍了策略构建原理、特征和市场影响；最后，基于高频数据和数据挖掘算法，介绍了两种自动化交易策略的构建过程。

第八章　能源大数据

第一节　能源大数据概述

一、大数据发展与能源信息化管理建设

　　大数据并非一个确切的概念。最初，这个概念是指需要处理的信息量过大，已经超出了一般计算机在处理数据时所能使用的内存量，因此工程师们必须改进处理数据的工具，这就导致了新处理技术的诞生。简单地说，"大数据"指的是无法以传统流程或工具进行处理分析的数据。为什么以往的数据处理方式无法处理大数据？这是因为在这些数据中，除了少部分是结构化数据外，其他绝大多数属于半结构化与非结构化数据。目前，大数据分析技术应用最成功的莫过于商业领域，一些大型的电商开始利用大数据分析打造实时、个性化的服务，如通过消费者的网络点击流来追踪个体消费者的行为，更新其偏好，并实时模拟后续的购买倾向。这种实时性的精准营销，不仅可以预测客户再次光顾的时间，同时也可以针对个人需求，促使客户购买高利润率的商品。

　　随着大数据技术在各领域的兴起，一些学者开始探索如何在能源管理领域应用大数据技术。工业作为经济与社会发展的基础，正在受到大数据的深刻影响，尤其是在我国大力提倡节能减排的今天，工业企业如何通过有效手段降低企业的能源消耗、提高能源利用效率，是政府与企业需要共同关注的焦点。众所周知，大数据技术是一种数据处理手段，因此要发挥大数据的作用，必须依托相应完全的信息管理系统。尤其是将大数据技术应用到能源管理领域，则需要相关方建立相适应的能源管理系统（中心）（Energy Management System，EMS），以此来满足大数据技术实施前所必需的软硬件条件。目前，国际上对能源管理系统还未形成统一的定义。维基百科指出，能源管理系统属于计算机辅助系统范畴，用来监测、控制以及优化能源的转换、使用与回收，提高能源利用效率。目前，虽然能源管理系统已经在一些国家或地区及大型工业企业中得到广泛推广和应用，但仍有一定的局限性：一是功能比较单一，现有的能源管理系统大多仅具有实时的能源消耗计量和汇总输出功能，并不具备前瞻性的数据处理分析和面向需求的能效诊断等智能化管理功能，没有让监测到的数据发挥出实际应用价值。二是数据来源单一，目前大多数企业的能源管理系

统的数据采集对象为系统边界内各个用能单位能源消耗统计，并没有对企业内部现有的一些管理信息系统（如 ERP、MRP 等）进行数据信息的整合利用，这给企业整体的生产和运营管理带来了一定的不便。三是能源管理系统较为独立，不具备一定的通用性，这在一定程度上阻碍了能源管理系统的进一步发展。现在，国外一些组织和机构开始考虑通过引入大数据技术来拓展现有能源管理系统的功能，通过扩大数据来源升级现有能源管理系统的功能，使采集和监测得到的能源数据的价值最大化。

二、能源大数据应用的意义

（一）在工业用能企业服务方面

1. 通过能效对标等方式有效提升企业能效水平

通过能效对标、智慧能源管控、能效提升专家系统能够切实提升企业能效。在工业用能企业服务中，为了提供主要装置、工序、通用设备、产品单耗等方面的对标标杆数据，由数据处理与分析模块和能效提升专家系统模块自动找出差距，分析原因，并提供详细的技术可行性方案、经济性分析等企业关心的潜在能效项目方案，起到实时能源审计和专家现场诊断的作用，便于企业实施能效项目和优化用能管理。

2. 有效地优化企业自身的用能管理

工业能效大数据平台建设同时所开发的企业用能管理软件，可有效地帮助企业进行用能管理。

3. 方便企业对接政府

企业可依据此管理软件，快速地生成相关报告、报表，简化企业的人力管理，为企业对接政府提供了极大的便利。以发电企业为例，在能源大数据系统平台的建设过程及功能服务方面，对发电企业的帮助有以下几点。

（1）提升机组能效水平。通过能源大数据平台的建设，将不同电厂的能源数据导入数据库，进行横向和历史纵向比较，经过专家库找出其他机组与标杆机组在能源管理、运行技术等方面的差距，并且进行能耗数据对标，提出经济技术可行性、针对性更强的优化用能管理方案和节能技术改造项目。通过分析机组不同能耗数据以及挖掘不同指标的关联性，努力挖掘薄弱环节节能潜力点，使电力生产的设备、工艺工序尽量达到最优用能水平，指导企业进行有效的能源管理，进一步刷新供电煤耗、机组效率等指标。

（2）指导企业宏观决策，减少企业管理工作。电厂作为用能大户和碳排放大户，其用能指标或节能指标以及碳排放指标均受政府相关部门的严格考核控制，通过能源大数据平台相关功能对电厂的用能和碳排放进行预测预警，为企业留下了时间缓冲带，并经数据库的智能支持，为企业提供了部分解决方案。此外，大数据平台自动生成相关报表提供给节能主管部门，减少了企业管理工作。

（3）锻炼电厂本身节能服务人才队伍，培育自身节能服务产业。在能源大数据平台建设过程中，电厂员工对平台建设提出的调研需求、使用以及后期的能效分析和优化用能方案的提出等环节进一步锻炼了电厂的节能服务队伍能力，并可以向其他相似电厂或企业提供节能服务，培育了自身的节能服务产业。

（二）在节能服务机构服务方面

1. 有助于节能技术的推广

大数据平台还将收集汇总一批节能改造技术方案，通过大数据平台分享、发布，对节能服务机构的节能改造工作及先进节能技术的推广具有极好的推动作用。

2. 有助于节能

在节能服务机构服务方面，能源大数据的应用有助于在节能服务机构、研发机构和用能单位之向架起桥梁，将大数据分析的成果和用能单位需求共享给节能服务企业和研发机构，以便更好地服务用能单位及促进节能服务研发行业的发展。

（三）在政府服务方面

第一，能源大数据平台收集、整合的工业用能数据，可以推动大数据产业在能源领域的进一步发展和完善，为建立智慧型工业奠定良好的数据基础。第二，促进服务政府向服务社会的职能转变。有助于工业主管部门发现用能单位的节能潜力点，指导企业进行合理用能，优化用能管理，并且提供可复制、可执行的节能技改方案，产业转型服务；同时，有助于政府对金融投资机构进行导向，形成新的产业形态，如能源交易市场、碳排放权交易市场等。

第二节　能源大数据的分析与处理

一、能源行业中大数据技术的需求

（一）能源大数据应用前景

电力大数据分析处理平台可以为电力行业的发展带来巨大的推动作用，主要体现在以下几个方面。

（1）社会和政府部门。电力行业作为国家基础性能源设施，为国民经济发展提供动力支撑，与社会发展和人民生活息息相关，是国民经济健康、稳定、持续、快速发展的重要条件。

（2）面向电力用户服务。电力生产销售的实时性，使得电力行业不得不靠基础设施的过度建设来满足电力供应的冗余性和稳定性。这种过度建设带来的发展方式是机械的，也是不经济的。为了满足电力行业经济性的可持续发展理念，可以通过对电力大数据的分析处理在电力用户方面进行节能改进。

（3）支持公司运营和发展。针对公司运营和发展，电力大数据的分析处理可以在以下方面起到关键性的指导作用：电力系统暂态稳定性分析和控制、基于电网设备在线监测、数据的故障诊断与状态检修等。

（二）能源大数据面临的挑战

目前，能源大数据主要面临以下两个方面的问题。

（1）数据深度分析需求增加。为了从数据中发现知识并加以利用进而指导能源行业的决策，必须对能源大数据进行深入分析，而不是仅生成简单的报表。这些复杂的分析必须依赖于复杂的分析模型，很难用 SQL 进行表达，这种分析称为深度分析。在能源行业中，不仅需要通过数据了解当前已发生的事情，更需要利用数据对将要发生的事情进行预测，以便在行动上做出一些主动性的准备。

（2）自动化、可视化分析需求的出现。能源行业中数据量不断增加，为提高分析效率，分析过程需要按照完全自动化的方式进行。因此，要求计算机能够理解数据在结构上的差异和数据所要表达的语义，然后机械地进行分析。另外，在能源业务中，数据的展现不仅仅是报表的形式，其需要更加形象和生动的可视化平台去支持能源行业的决策。自动化和可视化的强烈需求已成为能源行业一个亟待解决的问题。

二、虚拟环境下的大数据分析处理平台

为了更深一步掌握能源行业的发展趋势，对能源数据的分析需求已经由传统的常规分析转入深度分析。传统的分析处理平台已经无法满足能源大数据的需求，为突破平台的性能"瓶颈"，新的平台不断出现，并且基于虚拟环境的实现，不仅提升了平台的扩展性、容错性以及资源利用率，而且维护成本也大大降低。

（一）能源行业信息化系统分类

目前，能源行业业务应用主要包括集约化、大规划、大建设、大运营、大检修、大营销、调度中心、客服中心、运监中心等。为高效执行业务应用，能源行业基于大数据技术，不仅对原有能源信息化系统进行了改进，而且不断开发新的满足能源大数据需求的信息化系统。其信息化系统主要包括能量管理系统、配电网管理系统和电力系统调度自动化三个方面。基于对电力行业业务类型划分以及对电力行业信息化系统的详细分析，可将当前电力行业的应用类型划分为批处理、流处理、内存计算、图计算、查询分析等。

（二）主流大数据分析处理平台

在大数据时代，针对特定大数据应用类型的高效并行计算模型不断出现，进而造成基于并行计算模型的大数据分析处理平台具有针对性和多样性。大数据分析处理平台是支持大数据科学研究的基础系统。对于规模巨大、价值稀疏、结构复杂、变化迅速的大数据，其处理亦面临计算复杂度高、任务周期长、实时性要求高等难题。大数据及处理的这些难点不仅对大数据分析处理平台的总体架构、计算框架、处理方法提出了新的挑战，更对大数据分析处理平台的运行效率及单位能耗提出了苛刻要求，要求平台必须具有高效能的特点。因此，大数据分析处理平台在进行总体架构设计、计算框架设计、处理方法设计和测试基准设计时，需要综合考虑多个方面，如能耗间的关系、实际负载情况及资源分散重复情况等。

三、大数据分析处理平台发展趋势

一些主流大数据分析处理平台中每一个平台的实现都基于一种特定的并行计算模型，如 Hadoop、Spark 是基于 MapReduce 模型，Pregel 是基于 BSP 模型。当前的并行计算模型大多是针对特定类型的数据，并且随着数据规模和数据类型的增加以及对数据处理和分析需求的提高，不仅新的模型不断出现，而且原有并行计算模型在性能和表达性方面也在不断改进。除此之外，内存计算的兴起为并行计算模型的性能提高带来新的机遇，同时内存计算技术的出现也对基于传统计算机体系结构所设计的并行计算模型的适用性提出了挑战。随着并行计算模型的变化，大数据分析处理平台的发展趋势也发生了巨大的改变。以电力行业为例，其业务类型的多样化催生了众多的信息化系统，但是众多的系统不仅增加了开发者的工作量，也增加了维护费用。为了适应行业业务类型多样化的需求，大数据分析处理平台的应用范围将不断扩张。

第三节　能源大数据公共服务平台建设

一、能源大数据公共服务平台建设的背景与意义

能源是为人类提供各种形式能量的物质资源，是经济社会发展的粮食和血液，能源与经济、能源与环境、能源与可持续发展越来越成为人们共同关心的话题。能源流涉及能源的生产、传输、消费各个环节，由此衍生出企业节能潜力挖掘、能效提升、政府能源管控、低碳社会发展等议题，并催生了节能服务、碳交易、碳金融、新能源等相关产业，从而构成了整个能源流生态系统。在能源流生态系统中引入大数据分析思维有助于实现能源大数据价值的深层次挖掘。

（一）大数据发展的形势

当前，大数据的应用备受国家、地方政府的关注和重视，国家和各地均出台了不同的政策鼓励大数据相关产业发展。目前，我国正处于经济社会转型的关键时期，节能减排是破除环境资源对经济发展的约束、实现可持续发展的重要措施。在国家大势驱动下，在节

能减排领域，大数据也逐渐成为各级管理部门关注的焦点问题。目前，引进大数据理念以及寻找工业能效大数据挖掘和利用的方向和途径，有助于加强关系型、结构型数据高效采集、传输、存储；有助于最大限度地保证平台采集数据健康和标准化程度；有助于充分分析与挖掘节能数据本身的价值信息，进而提升节能减排洞察力，为促进地区节能减排服务工作，提高地区工业能效水平贡献力量。

（二）数据爆炸与能效提升

（1）能源数据信息爆炸。20世纪80年代以来，随着计算机数据库技术和产品的日益成熟以及计算机应用的普及和深化，各行业部门的数据采集能力得到前所未有的提高。能源管理系统是一种基于网络、计算机等先进技术的现代化能源管理工具和平台，可对企业能耗数据进行采集、存储、处理、统计、查询和分析，提供企业能源消耗状况、能耗核算及定额管理，对企业能源消耗进行监控、分析和诊断，实现节能绩效的科学有效管理及能源效率的持续改进。目前，政府和企业均建有工业相关的能源管理系统，期望实现能源利用的最优化管理和决策。通过内部的管理信息系统以及外部网络系统，获得并积累了大量数据，由于缺少从数据库中获取有利于决策的、有价值的数据的有效方法和操作工具，人们对规模庞大、纷繁复杂的数据显得束手无策，原本极为宝贵的数据资源反而成了数据使用者的负担，于是产生了一种"数据多但知识贫乏"的怪象。

（2）能效提升。随着国家对能源环境问题的重视、绿色低碳发展的提倡，我国能效水平逐年提升，实现了能源发展支撑国民经济较快发展，一次能源机构不断优化，污染排放严重的煤炭能源消费比重降幅较大。

二、能源大数据公共服务平台建设流程与特点

（一）能源大数据公共服务平台数据采集流程

能源数据拥有大量的非结构化数据和结构化数据，在数据采集过程中包含报表上传、数据在线采集多种形式。首先各重点用能单位通过各企业本身的能源计量网络结构中的电表、气体流量计、称重秤等计量器具上传到企业能源管理中心或记录台账，再经过软件客户端进行数据填报，此时计量网络中部分非结构逻辑关系的数据转化为具有结构逻辑关系的数据，形成各种能源利用相关的报告上传，并与其他平台或数据源对接进行数据传输，如城市能源计量中心、建筑分项计量数据、电力公司等，完成数据的采集工作，并且进行数据的相互验证，形成企业能源数据库。

（二）能源大数据公共服务平台建设特点

能源大数据公共服务平台具有以下特点：

（1）建立企业能源流模型及数据采集、脱敏与开放机制，包括结构化能源数据与非结构化计量网络数据的融合与表达。

（2）建立面向产业链跨行业的能源大数据框架，覆盖电力及相关能源的生产、传输和使用三个环节。

（3）提供基于产品整个产业集的能效提升服务，为供应链管理和产业结构优化提供决策支持。

（4）提供基于能源消费的经济形势、用能与碳排放预测方法，为电力交易与碳交易市场提供决策依据。

（5）在能源大数据生态系统内，围绕企业、节能服务公司、融资机构、节能产品提供商和研发机构等角色探索形成创新的能源服务模式。能源大数据分析研究与应用平台为一个面向能源流、企业能源流和跨行业能源流的平台。

三、能源大数据公共服务平台服务政府、企业的功能

（一）能效对标及能效整体评价指标体系的构建

能效水平对标活动是指企业为提高能效水平，与国际国内同行业先进企业能效指标进行对比分析，通过管理和技术措施，达到标杆或更高能效水平的节能实践活动。开展重点耗能企业能效对标活动有利于企业了解自身所处的能效水平，有利于政府部门了解相关行业所处的能效水平，引导推动企业节能行动的实施，提高企业能源利用效率、经济效益和竞争力；同时为政府部门在制定产业政策调控及节能政策细化针对不同行业特点的相关节能法规，提供重要的、可供量化的决策参考依据。

能效指南说明书目前一般两年左右更新一次，能效指南共遴选60种主要产品的118项国际、国内能效标杆值及45项产品单耗行业平均水平，汇总576项工业产品的能耗限额值和准入值，整理10类非工业行业59项合理值及43项先进值及9大类工业设备721项能效限定值、776项节能评价值及一级能效值，统计33个产业园区能效水平，梳理35个大类行业、164个中类行业的能效平均水平。在实际的工作经验中发现，有部分企业生产的产品无法在能效指南中找到相应的参考值，无法了解自身能耗所处的水平；而具有能效参考值的产品只能了解产品能耗的能耗水平，而不能进行进一步的二级工序和工艺能效对标，从而使得能效对标的效果在一定程度上有所折扣。能源大数据平台的建设将进一步促进能效对标工作的开展，通过对采集的能效数据进行分析，得出目前相关行业的能效平均值、先进值等，这样企业既可进行国标和地标的能效对标，也可进行实时的能效对标，了解企业实时的能效水平。

此外，通过对更详细的能效数据的采集，一些国标或者地标上没有的能效指标，也能找出相应的参考值，并可进行详细的二级工序或者工艺的能效对标，更有利于企业进一步发现节能问题，挖掘节能潜力。在进行能效对标活动的同时，可以基于能源大数据平台采集的基础数据，分析现有的节能评价指标体系，从能源利用环节、设备用能优化构建用能单位能效整体评价指标体系，合理设置相关权重，促进行业能效总体提升，完成政府部门

下达的节能减排目标任务。

（二）企业能效提升专家系统

能源管理中心的研究始于 20 世纪 60 年代中期，早期的能源管理中心主要用来进行能源数据的采集和监控以及用能设备的控制，随着统计、分析、决策系统等广泛应用于能源管理系统中，能源管理中心已经成为企业能源管理现代化的标志。通过能效诊断分析，用能单位能够掌握设备及系统的运行状态，了解能源消费分布以及平衡情况。能源大数据平台的建设将增强能源监控工作的行业、企业针对性，开发分布式智慧能源系统的设想。该系统主要包括能耗数据分项计量模块、数据采集与传输模块、数据处理与分析模块以及能效提升专家系统解决方案四大模块。系统实现的主要功能包括分项能耗数据采集，在线监测、报警、评价，智慧能源管控，自动生成统计报表以及专家能耗诊断系统等。此系统相当于"企业能源管理中心 + 能效提升专家系统"。能源大数据平台搭建起服务公司和用能单位之间沟通的桥梁，将节省大量能效诊断资源的投入，降低能效诊断工作的难度。

此外，该诊断系统挂有节能知识库等，既便于用能单位及时了解行业的最新节能减排规划、优惠政策、管理要求等信息，又能够及时学习各行各业的节能减排技术，指导用能单位制订节能改造计划。诊断系统通过搭建一个面向用户的 Web 平台，内置能耗分析模型，实现锅炉能效、电机能效、空调能效、照明能效以及其他设备和系统能效的诊断和分析。

用能单位在输入企业本身能耗数据参数后即可实现自诊断，匹配合理的节能改造技术和方案，挖掘节能潜力，形成能效诊断报告和节能改造投资回报建议书；与行业进行综合能耗、工艺能耗、设备能耗对标，发现用能能效差距，为后期实施节能改造工程提供指导和支持。能效诊断系统硬件平台包括数据库服务器、智能设备、数据采集设备以及诊断仪器等硬件设备。软件管理平台包括诊断系统软件、能效诊断数据采集与远传系统、能效现场诊断分析系统、操作系统、备份软件。

在能效提升专家系统的基础上，可进一步开拓能效仿真系统，初步可以达到以下几个方面的目的。

第一，企业可对自身提出的节能改造技术方案进行仿真或匹配，在经济、技术、节能量等方面进行对比分析，寻找最优方案。

第二，基于数据库和仿真检验相关企业向政府部门申请节能技改项目的真实性，成为节能项目的试金石。

第三，通过仿真研究用能行业、产品、工艺的能耗影响因素，提出能消耗需求研究开发节能项目，并通过一定的方式向社会公布，为了节能产业相关方搭建沟通平台。

第四，针对不同行业及区县集团构建典型用能概况和模型，面向各类对象培训仿真，节省人力、物力，增强培训对象感知。

（三）能源大数据公共服务平台的社会经济效益

能源大数据公共服务平台可逐步开发和发布工业与 34 个大类行业、区县、集团、工业园区年度和月度能效指数、产业能效指南等，增加节能领域工作的透明化、公开化程度，吸取社会专家和普通公众的意见和建议，促进政府、企业、节能服务产业、科研机构在内的能源生态系统良好发展。

（1）经济效益。能源大数据公共服务平台建设将为工业、建筑、交通等全领域节能减排增加新的发展路径，能效对标技术库与信息库及节能技术改造数据库都可间接地推动新节能改造技术、工艺工序、管理水平等节能措施、理念的发展和提高。工业能效诊断专家系统的研发也将间接对工业企业设备能效的提高起到良好的推动作用。能效（节能）仿真系统可通过仿真研究用能行业、产品、工艺的能耗影响因素，提出能耗需求，研究开放节能项目；并可以针对不同行业及区县构建典型用能概况和模型，面向各类对象培训仿真，节省了人力、物力，进而有益于节能项目经济效益的提高。另外，企业能源管理模块的研发可通过智慧能源管控挖掘关键能耗设备和管理水平存在的节能潜力，确定各项节能措施优先级别，实现节能诊断和能效持续改进。

（2）社会效益。能源大数据公共服务平台建设紧跟当今信息技术研究热点，通过对工业、建筑、交通等能效大数据的深入分析研究及应用平台的建设，将有力地推动能效管理水平的提高。其中对于能效大数据的深入分析将有助于节能水平提升潜力点的发掘，以及对能源利用趋势的预测；应用平台的建设将有助于节能数据信息与相关领域数据信息的公开、分享、交换，对于能效管理的持续、长久改进有着很好的助推作用。通过该平台建设所形成的节能减排模式可逐步在全国其他地区进行推广，对节约社会资源，减少资源浪费能够起到重要的作用，可以产生较好的社会效益。

第九章 大数据与教育

第一节 教育大数据的概述

当前，大数据时代已经到来，并在教育领域得到了广泛的应用。我国教育与大数据的结合已是时代发展的必然要求。下面主要研究大数据与教育之间的联系。

一、教育大数据的内涵

教育大数据指的是在教育教学过程中产生的或者采集到的用于教育发展的数据集合，其能够在教育领域创造巨大的潜在价值。教育大数据的来源主要有四个方面：一是在课堂教学、考试成绩、网络互动等教学活动过程中产生的直接数据；二是在教育活动中对学生的家庭信息、学生的健康体检信息、学校基本信息、学校的财务信息、学校的设备资产信息等进行统计而采集到的数据；三是在科学研究活动中通过发表论文、运行科研设备、采购材料和记录消耗等工作采集的数据；四是在校园生活中通过餐饮消费、洗浴洗衣、复印资料等产生的数据。

二、教育大数据的分类与结构

（一）教育大数据的分类

教育数据的分类方式多种多样。从数据产生的流程来看，可以将数据分为过程性数据和结果性数据。过程性数据指的是在课堂表现、线上作业、网络搜索等教育活动的过程中采取的数据，此类数据一般难以直接量化；结果性数据是指成绩、等级、数量等可以进行量化的数据。从产生数据的业务来源看，可以将数据分为教学类、管理类、科研类以及服务类四种数据类型。

（二）教育大数据的结构

教育数据的结构从内到外可以分成四个层次，依次是基础层、状态层、资源层和行为层。基础层存储的是基础性数据，包括教育部发布的学校管理信息、行政管理信息、教育管理信息等，这一系列标准涉及的数据都是国家教育的基础性数据；状态层存储的是与教育相关的事物的运行信息，如教育装备、教育环境和教育业务中的设备消耗、故障、运行状况、校园空气质量、教学进程等;资源层存储的是各类教学资源，如PPT课件、教学视频、教学软件、图片、问题、试题试卷等;行为层存储的是与教育相关的行为用户的行为数据，如学生的学习数据、教师在教学中产生的数据、管理者维护系统时产生的数据和教研员在指导教学过程中产生的数据等。教育数据的层次不同，数据的采集、生成方式和应用场景也就不同。数据采集的难度按照从内到外的层次依次递增，采集行为层数据的难度是最大的，如果不使用技术工具作为辅导工具，一般情况下无法采集到数据。

1. 基础层数据

一方面，通过人工定期采集数据的方式将教育基础方面的数据逐级上报，包括每年的教师招聘、招生数量等最新的教育数据;另一方面，通过与其他系统交换数据的方式，采集和更新教育基础数据，如学籍系统、人事系统和资产系统等定期对数据进行更新。作为高度结构化教育数据的一个重要组成部分，基础层数据的优势在于能够对教育发展现状、教育决策的科学性、教育资源的优化和教育体系的完善进行宏观掌控。其中，学籍、人事、资产等基础性教育数据由于其具有的隐私性和保密性特征，因此，需要国家进行重点保护。

2. 状态层数据

状态层数据主要运用人工记录和传感器感知这两种方式进行采集，目前应用最广泛的采集方式是人工记录。未来传感技术会不断发展并广泛应用，将全天候、全自动化地记录教育装备、教育环境和教育业务等方面的运行情况和产生的数据。状态层的数据使管理和维护教育装备更加高效化，有利于对教育业务的运行状况进行全面的掌控，进而打造更加人性化的教育环境。

3. 资源层数据

大部分的资源层数据属于非结构化数据，且具有总量大、形态多样的特点。产生资源的方式主要有两种:一是进行专门的建设活动，如个体发挥自主性进行教学课件的建设，企业发挥优势提供学习的资源和学习工具，国家发挥组织特征开放精品课程等。二是动态生成资源，如在教学活动中，通过课堂讨论、记笔记、完成试题等产生的资源。要创新教学模式、变革教学方法，最重要的就是要利用好丰富多样的优质资源。

4. 行为层数据

教育行为包括录入成绩、教师备课、学生上课、设备报修、财务报销等形式，但是在行为层数据中占据主导地位的是教师和学生之间的教与学这一行为主要数据，大数据时代可以采集更多、更细微的教学行为数据，如学生在何时何地应用何种终端浏览了哪些视频课件、观看了多长时间、先后浏览顺序、是否跳跃观看等细颗粒度的行为都将以日志记录的形式被保存下来。

三、教育大数据的价值潜能

（一）教育大数据驱动教育管理的科学化

要使教育大数据在科学化管理方面起到主要作用，应当采取以下做法：

一是利用全方位的传感器，采集和挖掘教育管理过程中产生的数据，包括教学活动、人员信息、办学条件等，并对采集到的数据进行汇总统计，采取可视化的处理方法对数据分析结果进行处理。

二是采取智能化的手段管控教育设备，降低能耗和成本。以江南大学的"校园级"智能监管平台为例，该平台在对能源进行智能化监管过程中重视对物联网、通信、检测和控制等新技术的应用，使在能源管理过程中的数据更加清晰，为管理者做出科学决策提供了支持。

（二）教育大数据驱动教育评价体系重构

在大数据时代，教育评价发生了改变，由以往的经验主义、宏观群体、单一评价转变为了数据主义、微观个体和综合评价。在智慧学习的环境中，利用新的信息技术可以采集到教与学过程中的全部数据，这些数据包括网络教学的记录数据，学习环境中的时间、地点、设备、周边环境等数据，为学校评价学生的学业成绩提供了数据支持。

每个学生在每个学期、每门课程、每节课中的学习表现的各种数据将会被存储到档案中并伴随学生的一生。学校不仅要评价学生在校期间的学业成就，还要对学生毕业后的发展情况进行统计，这样有助于掌握更全面、更准确的数据，从而更好地对学校的教学质量进行评价。

现阶段，有部分地区的学校在教学过程中融入了基于大数据的学习评价方式。以田纳西州增值评价系统（TVAAS）为例，它主要通过连续多年追踪分析学生的成绩对学区、学校和教师效能进行评价。在这一评价系统中，3~12年级的所有学生都要参加语言、数学、科学等学科的测试，并通过增值评价方法对学生的学业进步情况进行分析，列出对学生学业进步贡献的各区、各学校、各教室的具体情况。

TVAAS具有以下几点优势：

一是以提供诊断信息的方式帮助教育决策者开展和实施形成性评价体系。

二是计算出每所学校在所学科目成绩的进步率，并与以往的进步率进行比较，找出没有进步或是进步特别小的学生，对其进行干预。

三是对学生的各科成绩进行有效的预测，筛选出可能达不到毕业成绩要求的学生，使学校的教师和管理者能够有足够的时间和机会有针对性地制定课程和教学策略，使学生改变现在的学习情况，实现成绩的进步。

四是可以将即将就读于这所学校的学生的成绩展示给各个教师，从而使教师可以提前根据学生的实际情况制订教学方案，以满足每个学生的学习需求。

（三）教育大数据驱动科学研究范式转型

随着成熟的大数据技术不断应用在教学领域，降低了科学研究的复杂性，也使教育领域更加快速地获得各种科研数据，促进了科研经费投入、数据分析和科研管理方面的难题的解决。在社会科学领域，由于实验设施落后，实验人员的精力有限，研究者在获得科研数据时只能通过人工搜索、资料查找等方式，并在分析"抽样"数据的基础上进行一般规律的推算。这种研究范式给社会科学研究带来了局限性。大数据的出现和发展使社会科学的研究范式得以进行全样本调查，比以往的抽样模式更具科学性，这也说明社会科学被量化，成为一门实实在在的实证科学。大数据技术也为科研人员提供了支持，使其能够更加便利地获得个性化的学术文献资源、寻找到更好的同行和合作伙伴、组建一支专业的跨学科跨地域的国际研究团队。

四、我国教育大数据发展现状

（一）中国教育大数据的实施现状

教育资源的信息化联盟为教育改革提供了一个发展平台，在这个平台上，国内的教育信息化专家、教育领域的学者以及互联网人士探讨了如何实现大数据教育资源信息的共建共享，如何利用互联网创新开展教学模式的变革。搭建这一平台的最终目的是要利用互联网整合优化教育资源，让其在教育领域可以循环流动，增加资源分享和贡献的渠道，发挥学习资源的最大效用，从而扩大资源受用的地域和受用的人群，最终建立一个教育资源信息化联盟，做到教育信息的交流共享、互通有无，并实现共同提升。中国要大力发展教育大数据，除了要得到政府的大力支持以外，还应该与学术组织和数据中心相配合。首先，大数据在中国迅速发展的前提来源于政府部门的重视程度和号召力。近年来，教育部越来越重视教育大数据的发展，并强调学研结合和创新的重要性。高校也在申报项目过程中，专门列出了大数据、云计算等信息技术作为项目基金的主要研究对象。其次，北京、上海、江苏、贵州等地区的政府积极采取措施，对大数据进行基础应用，提高了教育质量，促进了教育公平。最后，我国通过建立数据共享机构，对教育大数据的类别和内容进行了完善。例如，国家统计局管理的国家数据网发布了教育、经济和政府等领域的数据；中国人民大学开设了中国调查等数据中心，不仅增加了中国教育数据及管理的类别，而且提供了发展资源，促进了教育大数据的发展。

（二）中国数据人才的培育现状

中国需要大量的数据人才，且需要建立相应的培养模式。中国在互联网、企业、游戏、教育、社交、在线旅游和硬件等领域的数据人才缺口超过了150万。虽然这些数据存在着一定的误差，但是却真实地反映了我国数据人才缺乏的现状。对于这一现象，教育部应鼓励各个学校在充分考虑自己实际情况的基础上开设与大数据相关的专业，或者增加大数据方向的专业来填补大数据人才的缺口。目前，教育部开设了云计算与应用专业和电子商务专业，并新增了网络数据分析应用专业，为职业教育的发展提供专业支撑。

五、我国教育大数据面临的机遇与挑战

（一）我国教育大数据面临的机遇

在教育治理转型过程中，推进教育治理体系和治理能力向现代化转变的一个重要因素就是先进的治理技术。在教育治理过程中运用大数据这一技术型的治理资源，能够优化生态环境，拓展空间设计教育制度框架，促进教育制度和治理的现代化转型。第一，促进教育治理体制从"碎片化"向"网格型"转变。当前，教育治理体制出现的最大问题是教育治理的"碎片化"，主要表现为政府部门忽视合作与协作共赢的理念，部门与部门之间承担的教育治理职能经常出现交叉，并且存在"信息孤岛"和信息矛盾现象。近年来，在一些重要的政策议题上，如异地高考、异地入学和农村教育等问题，不同部门在其中承担的职能出现交叉，分工模糊，部门自我利益为主的问题也相继出现，从而导致政策执行过程中出现了一系列问题，不仅使教育治理效率低下，还增加了执行成本。第二，促进教育治理理念从"管理本位"向"服务本位"转型。教育治理要实现现代化转型，就要改变传统的管理模式，使政府、社会和学校等多个主体参与到教育治理转型的过程中，形成多主体共同参与、民主商议和协作发展的新模式。这一新模式提出了参与性、开放性和包容性等理念，与大数据的社会属性相比，这些新理念更加适应教育治理的现代化要求。因为营造一个开放的氛围可以使多主体参与的教育治理模式更好地建立；各个主体只有在教育治理中保持包容的心态，才能互相理解和包容对方，使各自的利益诉求得到满足，从而达成具有广泛共识的教育治理方案。

（二）我国教育大数据面临的挑战

在当前教育治理建设和转型过程中，教育治理现代化转型产生的效能与政府预期的效果存在一定的差距。教育治理体系的治理理念和运行机制等在大数据环境下难以适应信息技术的快速变迁，这给我国的教育治理向现代化的转型带来了严峻的挑战。具体表现在：一是依旧依靠"重管理，轻服务"的思维进行治理。当前的教育治理体系沿用传统的管理和制度，这就导致"重管理，轻服务"的管理思维依然存在于这一体系中。在这种思维下，教育治理的模式一直强调的是管控而不是高质量的服务。长期以来，由于管理模式的权威性和自上而下的垂直性等特点，导致教育治理各个主体之间缺乏水平互动，也难以实现数据共享，使大数据在教育治理过程中缺乏操作的平台。二是以"重局部，轻全局"为利益导向。为了维护和发展公共教育利益，政府部门的上下级之间、员工之间可以实现理想状态中工作的"无缝承接"，保证政策能够顺利执行。但是，在实际情况中，受"经纪人"的影响，承担教育治理职能的政府部门为了追求自身利益各自为政，忽视与其他主体合作，导致大数据在教育管理方面缺乏动力来源。

第二节　教育大数据在教师知识管理的应用

一、知识管理

21 世纪是信息时代，知识在其中扮演着重要角色。某些专家认为，组织所具备的知识以及拥有的学习技能可使自身在竞争中具有一定优势。隐性知识和显性知识是知识的两大分类。显性知识可以通过书本、言语、文字等编码模式传播和学习，并且只有经历实践与体验才能获取。知识管理的本质是创造与分享知识，目的是运用最佳的方式把适当的知识在合适的时间传递给需要的人，它主要研究的是显性知识与隐性知识间的组合、内化、社会化和外化。

（一）知识管理的含义

知识管理就是企业对其所拥有的资源进行管理，以协助收集、应用、分享、创新知识的系统办法。

（二）信息技术促进教育知识管理

知识在信息时代已成为最主要的财富来源，而知识工作者是最有生命力的资产，组织和个人最重要的任务就是知识管理。知识管理可以让个人与组织具备更强的竞争能力，并做出更好的决策。全球的信息资源已被网络联系在一起，从而形成了全球最大的信息资源库，为学习者提供了极为丰富的教育信息来源。教育知识管理就是知识增值和服务创新，通过知识管理、信息技术和网络联合提供的现代服务，丰富教育知识，通过知识创新的理念和教育服务的文化相互融合，使服务和被服务的观念都发生转变，不是走出去找服务，而是让服务无处不在，无时不在。当前，信息资源的重要性已被大众认识到，要想让繁多的信息更好地为教育服务，并将其有效地应用到全体成员的发展当中，就需要用到知识管理理论。知识管理理论正是以知识为研究对象，以实现个体和组织的知识收集、共享、应用和创造为目标的新理论，为教育信息化建设提供了全新的发展思路。

二、教师知识管理

（一）教师知识管理的目的

教师知识管理的目的可归纳为以下几点：

第一，使教师的持续学习能力、运用知识能力以及应变能力得到提高。

第二，培养教师独立思考的能力以及持续学习的习惯，并着重提高教师的教学效率。

第三，重点是怎样把知识转变为能力，而不仅仅是掌握知识。

第四，塑造学校的组织文化与适应变革的能力。

（二）教师知识管理的策略

莫滕·汉森等专家曾在知识管理政策这项研究上取得过重大成果，这些成果能够引导教师进行知识管理。结合他们的研究成果，下面对其在教师知识管理上的应用进行探讨。

1. 系统化策略

着重把标准化与结构化的知识储存到组织的知识库中，使组织中的运用者能够反复运用知识，而不用接触最初的知识源，这就是系统化策略的中心思想。可以详细参照下面的做法把系统化策略运用到教师的知识管理上。

（1）建构教师知识地图。

知识的"库存目录"即知识地图，它能够表现出组织中主要知识的所在位置，一般包括文件、人员和数据库等，并且要想达到运用和挖掘知识的目的，需要整合组织专业知识的资源体系。

（2）建设教师知识库。

共享、保存、创造与运用知识的主要系统平台是知识库。通过容易理解和取得的方式把优秀的教师专业知识展现给需要此类知识的其他教师，是构建教师知识库的目的。知识库所涵盖的内容由其质量决定，是因为其是交换知识的重要媒介。所以，学校首先应把教师的经验和知识通过报告、文件等方式展现出来，并实行数据化，再经由系统分类、整理，建成教师知识库，以支持教师教学或研究。教师知识库在架构及内涵上的建设应该搭配教师知识地图，进行统一的规划与设计。教师知识库的发展必须通过教师、专家、技术人员的合作才能顺利完成。值得注意的是，任何知识库都无法包含未来的、创新的知识，它只是包含了以往的旧知识，甚至隐藏了部分过时的以及无用的知识。因此，知识库必须不断地进行更新和充实。

2. 个人化策略

（1）建构教师专业共同体。

教师与学校内外的其他教师一起探索教育教学问题，并进行专业对话、实践、批判、反思，以促进教师的专业发展。教师应使自己成为相关学科专业共同体中的一员，与其他教师共同参与教学情境的对话，不断检视自己的知识结构，并愿意与他人分享知识与经验。

（2）建立有效知识分享机制。

知识拥有者与需求者之间的知识转移过程就是知识分享，它也是人和人之间的主要交流过程。知识分享的实现，特别是隐性知识分享的实现，需要知识拥有者自愿奉献自己的知识，需要读者自愿学习与聆听对方的知识，他们的协作与交流是为了达到共享知识的目标，尤其是共享隐性知识。

三、大数据时代教师知识管理应用

（一）个人知识管理系统

PKM2 是基于内容的个人知识管理系统，可以把全部图像、文字信息转变为 HTML 模式储存在数据库中。这些信息包括本地机器里的文档内容、用户的笔记、网上的网页内容。PKM2 之所以不会损失数据，是因为所有资源都被储存在用户的项目中进行管理。

1.PKM2 的特性

（1）便携性。PKM2 是一款能够放在移动硬盘或 U 盘当作便捷式个体知识库的绿色免费软件。

（2）安全性。软件 Projects 目录的各个子项目中储存着全部数据，恢复和备份操作简单，进行相关文件夹的拷入与拷出就能实现数据的恢复与备份。

（3）交互性。PKM2 可以便捷地进行数据的导入与导出。本地的文档（HT-ML、DOC、RTF、TEXT 等）和网上的页面数据都可存入或导入 PKM2。同时，PKM2 中的数据可以直接导入 Web 系统发布到网站上，也可以 EXE 电子书、CHM 电子书格式发表，或导出为 DOC、HTML 等格式文档。

（4）规范性。PKM2 的文件数据是以都柏林核心元数据聚集 10 个因素（关键词、分类、修改日期、创设日期、创建者、资源标识符、备注、编者、题目、资料来历）为依据，对资料进行标引，并在编辑器中集成了标引工具，对作者、关键词、标题和备注进行半自动标引。

（5）开放性。全部文档被 PKM2 使用 HTML 标准转变为 HTML 格式进行统一处理。基于 HTML，用户可以按照统一的方式编辑、管理文件。同时，用户能够基于开放的 HTML 便捷地进行二次研发。

2.PKM2 的结构

PKM2 是基于内容的个人知识管理系统，其中所有文档均需转为 HTML 格式，HTML 由文本数据和关联文件构成，PKM2 将所有文本数据保存在数据库中，所有关联文件保存在附件目录中，这样既可以避免数据库过度膨胀，又可以依托数据库的安全性和稳定性使资料得到可靠保护。同时，由于数据库的开放性，用户也可以直接管理自己的数据。

PKM2 的体系构造：（1）PKManager.exe，系统主程序。（2）RESOURCES，系统相关资源目录，与用户数据没有关系。（3）PROJECTS，用户数据均保存在该目录下各目录中。

3.PKM2 功能

（1）信息管理：可以对信息片段、网页、数据文件等形式各异的信息进行管理；可以为保存的信息指定标题、关键词、作者、备注、附件等；可以保障其所保存信息的安全性，并具有对相关数据文件进行优化、文件压缩及备份的功能。

（2）信息评估：通过饼形图及其他图形的形式，形象化地描述数据库中各类信息的储存量及具体分布情况；以阅读的次数、保存的时间前后及是否具有书签等为依据，制定多种文件列表视图；PKM2 可以自行定义 20 余种书签，用于对数据的分析及知识点的评估；PKM2 所具有的标签功能具有对数据进行汇总和排序的优势，能帮助用户分析数据分布情况、统计数据以及分析知识点。

（3）信息使用：可以通过网页的形式快速地浏览保存的信息；在浏览时可以用特殊的标记对重要信息进行备注；提供打印、打印浏览功能；可以通过备注、网页地址、标注等特殊标记随时对附加信息进行查看；具有对已保存、收集的数据信息进行较为复杂的编辑功能。

（4）信息检索：具有在所储存的数据及已安装的软件内部进行查找的功能；不仅可以对储存的信息进行分类查找，还可以对其所有的子文件进行检索；也可以对所储存信息进行精确地查找或者模糊检索。

（5）信息共享：以 CHM 电子书的形式对导出的文件或者文件夹进行保存；通过类似网络文件的系统对信息进行分享，信息分享的主要途径是 Web 应用程序；通过光盘版单机运行数据库的形式进行信息的共享；以 PKM 数据包为中介进行相关数据的交换。

（二）网络日志

Blog 的全名是 Weblog，翻译为中文即"网络日志"，后来才以 Blog 这种简写的形式广泛流传，在中国则被大众称为"博客"。博客是指用户将自己的日常感悟以日记的形式记录并分享在网络平台上的一种方式，可以不断进行更新。简单来说，博客是用户分享心得的网络平台。博客是顺应大数据时代网络潮流而生的第四代网络交流方式，它以网络的形式向大众分享个人或他人的生活、工作，代表着新的生活方式和工作方式，更代表着新的学习方式。一个博客其实就是一个网页，它通常是由简短且经常更新的帖子所构成，其中文章的排列顺序与微信等其他网络平台一样，都是以日期倒序排列的。博客的内容千奇百怪、风格多样，既包含个人的日常生活感触，也包括科技小说的连载，甚至包含社会热点的大众评论等。所以说，博客的创作主体既可以是个人，也可以是具有共同目标、共同利益的群体。随着博客的快速扩张，它的目的与最初已相差甚远。目前，博主在博客上所发表内容的理由也与当初创建博客的目的大相径庭。但不可否认的是，博客以其操作方便、沟通简单等特点成了团体之间进行沟通使用最为频繁的网络工具，也成了大型企业内部进行网络沟通的首选平台。博客是自由与创新模式结合下的新的网络交流平台，因此具有其他网络社交平台无法匹敌的开放性，可以在网络世界体现个人的存在，开阔个人视野，彰显个人的社会价值理念，从而建立属于自己的交流沟通群体。

博客特点：第一，操作简单，这是博客受到广大网民喜爱的重要原因之一，也是博客发展的推动力。这种特点除了在注册过程中有所体现之外，还表现在其管理平台提供了完整、系统的操作按钮提示，只要按操作提示便可迅速掌握博客基本技能，开始博客交流的新旅程。第二，持续更新，这是博客得以保持生命力的源泉。博客以其更新速度快的特点享誉网络界，凡注册以后在半个月之内没有进行过持续更新的用户便称为"睡眠博客"。

在网络大数据的社会背景下，信息以超前的速度传播，而博客的更新也应与社会发展同步，不然就会逐渐落伍，失去前进的动力，进而失去大众的喜爱。如果可以坚持更新博客，经过日积月累，博客的生命力肯定会更强。第三，开放、互动，这是博客交流的推广链。网络赋予了博客开放性，博客不再是仅个人可见的私密空间，而成了一个开放性的网络平台，浏览者通过对博客内容的评价与留言，在实现二者交流的同时，也扩展了网络的互动效应，有助于固定的博友圈的形成。第四，展示个性，这是博客内容之所以丰富多彩的主要原因。博客为博主提供了展示个人魅力的平台，无论是其所发表的日志内容、博客界面、文章数量，还是日志分类、人气指数，这些都彰显了博主的个性特点。与此同时，博客还为博主提供了自由设计的功能，即博主可以根据自己的喜好对发表内容进行相应的设计，这些都为博客的使用者更好地施展个人魅力提供了有利条件。

第三节　远程教育的大数据研究与应用

一、基于大数据的教育研究与实践

（一）大数据与教学研究前沿

1. 学习者知识建模

通过采集学习者系统应答正确率、回答总量花费时间、请求帮助的数量和性质，以及错误应答的重复率等，构建学习者知识模型，为学习者在合适的时间，选择合适的方式，提供合适的学习内容。

2. 学习者行为建模

通过采集学习者在网络学习系统中花费的学习时间、学习者完成课程学习情况、学习者在课堂或学校情境中学习行为变化情况、学习者线上或线下考试成绩等，构建学习者学习行为模型，探索其学习行为与学习结果的关系。

3. 学习者经历建模

通过采集学习者的学习满意度调查，以及获取其在后续单位或课程学习中的选择、行为、表现和留存数据，构建学习者体验模型，以此对在线学习系统中的课程和功能进行评估。

（二）教育大数据的研究应用

（1）个性化课程分析。佛罗里达州立大学利用 eAdvisor 程序为学生推荐课程和跟踪其课业表现。奥斯汀佩伊州立大学的"学位罗盘"系统在学生注册课程前，通过机器人顾问评估个人情况，并向其推荐他们可能取得优秀学业表现的课程。系统首先获取某个学生以前（高中或大学）的学业表现，其次从已毕业学生的成绩库中找到与之成绩相似的学生，分析以前的成绩和待选课程表现之间的相关性、结合某专业的要求和学生能够完成的课程进行分析、利用这些信息预测学生未来在课程中可能取得的成绩，最后综合老师预测的学生成绩和各门课程的重要性，为学生推荐一个专业课程的清单。

（2）学术研究趋势的把握。斯坦福大学文学实验室的一项研究尝试以通过计划放置在互联网上的海量书籍为平台，进行数据挖掘和分析，把握和预测文学作品和学术研究的发展趋势。

二、大数据思维与现代远程教育教学平台的现状分析

现代远程教育从"三支持模式"来理解其平台支持、资源支持和学习支持都具有网络化、信息化和数据化的特性。而远程教育的运行，就是基于这三者之间的"交互活动"来实现，其"交互活动"的全过程在相应的平台数据库、后台服务器都能用数据的形式表现出来。因此，可以说远程教育的整个教学过程就是教育大数据的积累过程。那么，人们研究远程教育，从实证分析的角度来看，离不开大数据的研究思维与数据挖掘。下面以国家开放大学的教务管理系统为例，探讨一下目前广播电视大学的数据问题。该教务管理系统分为四个层级的管理权限：超级管理员（平台技术维护人员和国家开放大学管理员）、省校管理员、分校管理员、工作站管理员。据了解，省校管理员和超级管理员有后台数据库浏览及操作权限。如省校管理员，可以看到学生的学籍情况、选课情况、报考情况、免修免考情况、网考成绩、学生历次成绩、奖惩信息、毕业情况查询等类别的数据，并进行操作。在学籍情况查询方面，可以看到学生的性别、民族、籍贯、出生日期、文化程度、政治面貌、婚姻状况、专业、学籍状态和联系方式、入学年度情况。在学生选课情况方面，可以看到学生的课程名称、课程学分、课程类型、课程性质、考试单位、年度、学期和是否确认等情况。在学生的报考情况方面，可以看到学生报考的课程、试卷名称、考试单位、报考年度、报考学期、是否确认考场、座次等信息。在校学生的基本情况方面，可以看到学生的姓名、学号、性别、民族、政治面貌、籍贯、出生日期、文化程度、毕业学校、毕业时间、毕业专业、婚姻状况、身份证号、联系地址和联系电话。

综合这些数据，可以分析出某一段时间、某一区域、某一学历基础、报读什么专业及其专业层次的总体情况和趋势，以及性别因素、民族因素对报读开放教育学历教育影响情况。其中，从数据的完整性来看，因为开放教育（现代远程教育）是成人继续教育，它还涉及学员是否在职（在职的话，单位是否有相关的学费补贴等），是否有工作经验（也有辞职后脱产学习的），家庭情况与个人收入水平、学费来源、学籍状态及其影响因素（如有退学的，因为什么）等。在完善数据结构和提高数据质量的基础上，通过数据挖掘，人们可以从省校的角度分析得出：全区各市县报读开放教育的、学历教育的学员专业选择与职业状态，学籍状态与个人收入水平、学费来源，学籍状态与学习满意度（需要补充的数据），专业选择与区域经济发展（如某一两年报读某专业较为热门），专业选择与政策环境

（如某一时段报读某专业是因为政策环境），专业选择与毕业情况追踪数据等。通过某类数据趋势与另一类数据关联、趋势对比，人们就可以挖掘出许多有价值的信息。这些信息可以反馈到远程教育的专业建设，如哪些热门专业需要强化专业建设，哪些弱势专业因为报选趋势弱、教育成本偏高可以考虑取消；可以反馈到学生管理和教学支持服务，如哪些因素导致了学员辍学，进而可以采取哪些措施、提高哪些教学支持服务来降低辍学率；可以反馈到招生工作，如对哪些区域、哪些行业、哪些层次的适学人员可以加大宣传，提高招生效率，哪些区域、哪些行业、哪些层次的适学人员还是空白的，属于可以宣传开发的类别；哪些课程、哪些学员的成绩问题较多，可以通过哪些教学支持措施、考试改革措施来提高学习通过率，促进学员顺利拿到课程学分。因此，对招生工作研究、专业建设研究、教学管理研究、课程建设研究等，我们都可以通过基于教务管理的大数据及其数据挖掘，分析其趋势、关联和教学反馈等，为相关的教育教学决策提供较为科学的建议。

三、基于大数据思维的现代远程教育教学资源建设研究

远程教育的教学内容几乎都表现在各种类型的平台教学资源，如文本资源、多媒体课件、三分屏课件、MP3音频资源、论坛帖子等。据了解，目前的资源数据主要有两类：一类是统计教师在教学平台的资源配置情况，另一类是关于课程的统计信息。关于教师在教学平台的资源配置，主要统计了在教授某课程，提供并在平台配置的各类课程资源总数。首先，这个总数是各类资源的历史累积数，缺乏具体的时间段参考，这对分析教师某学期教学资源建设情况缺乏具体的参照。其次，数据之间缺乏有效的关联，如教师发帖数与学生发帖数的统计，没有时间区间参照，如果教师发帖是在2018年，学生发帖是在2019年，这两者本身就是无关数据，即没有可以分析的价值。最后，数据本身也缺乏有效性，如学生发帖数，是一个主题下的发帖数，还是都是主题数，或是怎样。只有明确了数据本身的指向性，才能进行有效的数据挖掘。这同时也提出了一个问题，即教学资源平台的建设与分析，需要对数据建设和数据分析的专业人才进行引进与培养。只有不断地细分数据，才能形成全维度的大数据分析，并得出有价值的参考结论。

关于在线课程资源的使用与论坛交互情况，主要统计了各资源的点击总量、师生教学交互过程中的发帖与回帖数等。对资源点击量来说，只有总量，没有细分到是教师还是学生，是哪个教师、哪个学生，因而对教师的教学支持关注与学生的学习访问情况无法深入分析。如果仅以"文本资源点击量"和"电大在线选课人数"进行关联分析，也只能得出选择课程1、课程3、课程4、课程5的学生在访问文本资源（中央）的平均人次，即资源的总体质量与学生的总体学习情况。如果数据更细分一些，如某个教学点、某一年龄阶段、何种就业背景、什么性别等的学生的文本资源点击量是多少，加上以前的相应历史数据，那么就可能得出某个教学点的教学支持和导学效果如何，是提高了还是降低了，并且与其他教学点的情况、全区的平均情况进行比较，分析这种教学趋势应该采取何种应对措

施；也可以分析成人学员在不同的年龄层次、不同的就业背景和性别等个体信息，即把学员的基本情况数据关联起来，分析不同层次、不同类型、不同背景等各种不同类别的学员的学习行为选择趋势，如年龄大一些（如30~35岁）、有工作经验等的学员可能会出现对文本资源的关注高、对三分屏资源关注低等趋势，那么为了提高远程教育的个性化服务，特别是基于学员共同学习行为趋势的个性化教学资源支持服务，就能很好地提高教学支持的针对性。对于师生论坛的交互情况分析，也必须细分到发帖内容的类型与形式，内容可细分为资料帖、提问帖、答疑帖、关注帖等类型，特别是学生回帖的内容类型与形式，只有高度细分，才能分析出学生对什么类型的帖子、什么形式的帖子关注度高。论坛交流不一定非常"学习型"，有的生活类帖子、友情类帖子是必需的，通过增加相互的兴趣和感情等方面沟通，对教学交互是非常有帮助的。

总的来说，目前我们对教学平台资源使用的数据认识，还只是基于统计和教学检查的层面，没有深入研究分析、促进教学资源建设和完善提高教学资源的支持服务等方面。为了更好地把大数据研究应用到现代远程教育研究上，需要从以下几个方面着手：首先，要做的是完善教学管理平台数据库的建设。只有搭建了全面的后台数据库，才谈得上对大数据的研究应用。而后台数据库则需要根据资源需求情况、资源使用情况、资源类型形式、资源潜在储量等研究与应用指标进行全局的设计与构建。同时，相应地还需要根据不同的数据结构与数据来源构建教学资源应用模型、教学管理模型、招生就业模型等教育大数据研究模型。通过对这些教育大数据研究模型的不断优化，检测各数据库结构的合理性与发展性，从而促使教学平台的不断优化。完善教学管理平台数据库，还需要加大投入硬件建设与软件建设。其次，需要在意识层面、技术层面、体制层面、人才层面予以高度的关注、重视，并采取有效措施，加大教育大数据的研究分析，用以改进现代远程教育教学平台的大数据功能性。在研究意识层面上，需要通过座谈、讲座与访谈等形式把教育大数据的研究理念在广大教师、管理人员中间进行推广，并通过这些形式进一步了解教师、管理人员的大数据研究需求，找准研究应用的切合点；在技术与人才层面，需要有针对性地进行相关人才的引进、培养，这些针对性的因素包括计算机技能、知识管理理念、知识管理与现代远程教育发展、研究与数据分析能力、教学资源设计、统计分析等；在体制层面，包括从组织设置上重视资源建设，如高校把教学资源单独设置为处级部门，形成对教学资源的专门管理与建设、研究，以及建立相应的激励和约束机制，鼓励教师、管理人员积极从事具有特色的数据库建设与研究，把数据库建设与研究的相关成果作为年度考评和职称晋级等的考核指标之一。最后，兼顾非结构化资源建设，重视复杂数据的处理和使用。大数据是结构化数据、半结构化数据与非结构化数据的总和。在纷繁复杂的大量数据中，只有10%的数据是存储在数据库中的结构化数据，其他的则是由邮件、视频、文本等在教学交互、资源应用等过程中产生半结构化数据、非结构化数据。而这些半结构化数据、非结构化数据更是远远大于教学过程中产生的结构化数据。现代远程教育的教育教学过程已经实现了全面的平台数据化，信息中心、教学中心、管理中心与研究中心综合在一起，因此必须深入了解大数据的特征、技术及应用，在重视结构化资源建设的同时，兼顾非结构化资源建设，并高效快捷地从庞大的数据中挖掘出教学、管理、研究的有用信息，提高基于数据的现代远程教育细节认识，这将成为 21 世纪现代远程教育特别是资源建设的主旋律。教育大数据研究是一个新的研究方向，也是现代远程教育发展与研究的重要突破口。现代远程教育是一种数字化的现代教育类型，因此其研究发展的基石就是大数据研究。那么基于大数据的教育研究，就需要形成从数据到理念、技术、人才、制度、教学与管理等全环节的研究发展思路，并结合知识管理的理念，优化教学资源，储存共享学校发展研究知识，实现现代远程教育研究发展在理念与方法上的与时俱进。

第四节　我国教育与大数据应用

一、我国教育大数据在教师电子档案袋的应用

教育大数据推进了教育变革，网络开放教育与在线学习平台引发了教育由"数字支撑"到"数据支撑"的转变。大数据通过数据分析与数据挖掘实现了个性化学习和多元化教学评价，为研究学者提供了技术支持。本部分主要研究教育大数据在教师电子档案袋的应用，教师电子档案管理记录了学习者在日常学习、工作中与自我能力相关的资料，并能为学习者提供反思学业发展的材料和与人共享知识的机会，为教师组织、管理与呈现学生学习成果提供了便利。

（一）教师电子档案袋

1. 电子档案袋的定义

当今社会电子技术飞速发展，"电子档案袋"（E-Portfolio）顺势而生。海伦·巴雷特（HelenC.Barrctt）指出，电子档案袋档案开发者是将各种格式（音频、视频、图片和文本等）的内容、素材运用电子技术来收集和组织。电子档案是在 21 世纪电子技术大环境下，档案袋制作者借助文本、动画、超媒体、数码照片、视听文件、超文本链接等多种媒介来整理、管理、组织呈现出的个人信息和学习成果，它虽然依托现代信息技术，却不单纯是技术含量的横向累加。

2. 电子档案袋的类型

①依据收集材料的类型可划分为展示型和过程型。②依据展现的形式可划分为博客的、网站的、FTP 的、维基百科的、QQ 的。③依据实现技术的类型可划分为基于 ASP/ASP.NET 的、基于 Java 的、基于 PHP 的（Moodle）。④依据使用目的可划分为评价型电子档案袋（Assessment ePotfolios）、展示型电子档案袋（Presentation/Showcase ePortfolios）、学习型电子档案袋（Learning ePortfolios）、工作型电子档案袋（Working ePortfolios）、个人成长型电子

档案袋（Personal ePortfolios）和多人型电子档案袋（Multiple-owner ePortfolios）。

（二）教师电子档案开发过程

1. 电子档案袋的建立流程

建立电子档案袋的流程：档案内容和目标的定义、档案的制作、档案的考虑（选择、反思、指导）、档案的组配、档案的展示。

2. 电子档案袋的应用

（1）某高校电子档案袋系统。

①系统设计原则和模式。设计以操作简单便捷，界面友好，功能简单易用，扩展性强，可进行二次开发，安全、高效为原则。开发模式为 B/S，IE 浏览器足以支持全部操作，具有兼容性、跨平台的特征。

②系统功能模块分析。巴雷特提出，ePortfolio 系统常用的功能有：能支持计划及目标的设定；可支持自由创作；可支持交流；可支持反思；包含数据与信息；支持多种呈现与存储。我们设计的 ePortfolio 电子档案袋系统是支持多班级、多学科的，基本功能模块需要设计多个。

③数据库的设置。其采用了记录系统各种设置参数的 sys.mdb 和记录电子档案信息的 ePortfolio.mdb 两个数据库，这样系统运行速度将得到较大提高。

④ ePortfolio 在教学评价中的应用说明。第一，系统安装和初始化。ePortfolio 是依托网络环境建立的电子档案袋系统，只有在服务器系统环境中才能运行。安装前要先配置 IIS 的 WWW 服务，然后解压光盘中的 ePortfolio 自动解压文件到网站的主目录或者虚拟目录即可完成。使用 ePortfolio 系统前还需要初始化，使用管理员身份登录系统，对系统参数进行设置，然后添加教师和班级信息。第二，学生在 ePortfolio 中的简要操作说明。个人电子档案袋：整理出已发表的所有电子文档，可以编辑或者删除，也可以按时间排序记录下来。单击某一个标题，对应的详细内容和教师、同学的评价跃然眼前。每一次整理其实也是学生自我反思的机会，这势必会提高学生的学习能力。浏览和评价同学作品：界面左侧菜单会出现一个"班级电子档案袋"选项，点击即可看到同班同学发表的作品，直接在作品下面进行评论交流，电子档案袋这种互评的功能是传统档案袋难以望其项背的。发布作品：该功能是为实现小组协作评价而设计的。首先组长发布作品，其次其他成员加入作品的评价队伍中，最后将组内和组外的评价相结合，得到一个更客观真实的评价。通过这个功能发布的作品会出现在学校网站的对应栏目里，受关注度更高，有更多的读者欣赏、评价（需要通过编写另外的插件实现）。

⑤教师在 ePortfolio 中的简要操作说明。浏览学生电子档案：先整理出全班学生的最新电子档案，点击某一学生姓名，会弹出该学生的全部电子档案，从这些档案中教师能够全方位地了解学生的进步、成长过程。浏览并评价学生电子档案：点击文章名，弹出具体的作品内容，教师就能评定该作品成绩并加上评语，当然其他学生也可以评价该作品。

（2）电子脚印档案袋系统。

①注册功能。电子脚印档案袋系统默认将用户分为学生、教师和家长三种类型。注册必须是实名制，因为电子档案袋的管理使用完全个性化，后期还有很重要的评论功能（评论是可见的）。系统用户类型（教师、家长、学生）不同使系统赋予他们的操作权限和内容不同，这是视他们的身份而定的。

② RSS 订阅。RSS 即聚合内容，简单来说就是两个站点或者多个站点之间共享内容的一种方式，在类似博客这种按时间顺序排列的网站比较常见。RSS 帮助网络用户在各自的客户端，借助新闻聚合工具软件，即使在不打开网站内容页面的情况下，也可以阅读 RSS 输出的网站内容。网站内容会自动随之更新，所以使用博客的用户只需将订阅内容记录在阅读器中即可。内容一旦更新，阅读器就会发出推送通知提醒用户。

③日志管理。学习日志是用来记录学生学习计划、状态、成绩、情感态度等信息的模块，可视为学生成长的历程，也是学生的学习资源中心，由学生直接决定存放的内容，也可作为今后评价的客观依据。如果某一学生在自己的博客发表日志比较多，为了查阅方便，可能需要再次分类已归类的日志，即用到日志专题。单击"日志专题"选项下的"添加分类"选项即可添加新的日志专题。在点击后出现的接口里需要输入添加日志的分类名称。以添加"日记"分类为例，输入"日记"后单击"添加"即可。需要特别注意的是，添加完日志分类后，日志只有发表在这个专题里，才会在首页里显示出来，若想要隐藏这个专题内容，可点击"隐藏分类内容"。如此，日记专题的内容需要通过验证后才可以查看，而在博客首页是不会显示的。

二、我国教育大数据应用展望

（1）学生的行为分析。大数据的到来使教育领域由前沿技术的发展，从宏观群体走向微观个体，实现真正意义上的全面、详尽的个性化教育。其采集学生的日常行为信息，对学生学习与心理状况进行分析，同时对学生做题的习惯、师生互动时间以及计算能力和速度等数据进行个性化的研究分析，为学生提供适合自己的综合素质的个性化学习方案，进而帮助教师找到教学侧重点来提高教学质量。

（2）教学过程监控与引导。大数据对于学校的日常管理也有巨大的帮助，其对学生与教师的微观行为进行及时分析，获取有效的数据，通过智能计算，使学校领导及时地对教学管理方法、教学资源进行调整以便让学校的管理状态处于良性循环中。同时其可以提高学校的投入产出比，使学校的经济效益处于良性运营当中。

第五节　大数据环境下高等教育管理

一、大数据环境下高等教育常规教学管理

（一）大数据环境下常规教学管理的意义

有效的管理决定着有效的教学，其中常规管理居于重要地位。所谓常规管理，其内涵是对规律性的活动给以规范性的限定。在实施某一学科的课堂教学常规管理时，必须注意到规律性与规范性这两个要点。

（1）规律性。就学校工作而言，除突发的与临时的指令性工作以外，整体是按部就班、依其自身规律运行的，如年级、学期、考核、升级、毕业、教学、实验、课外活动等，因此学校工作是有规律、有运行秩序的。就教学而言，则连突发与指令性工作也排除了，它必然遵循课堂教学规律进行，依照学期长度、教学周数、教学时数、教学内容、教材章节，并须依据学科特点、学生年龄特征和接受水平有序地进行教学，因此教学更具有规律性。把握事物的规律，使事物按照自身规律依序、和谐地进行，是一种科学，所以课堂教学常规的建立与实施，必须以把握学校工作、学科教学的规律为前提。

（2）规范性。规范是一种标准，是一种合乎科学的要求，亦即"这样做就对，那样做就不对"的规定。常规的规范性是十分重要的，常言说"没有规矩不能成方圆"，在教学中可以说没有规范性的常规管理，就没有科学合理的教学。学校工作或学科教学的规律，首先表现在各个环节的有序衔接和相关各环节的实际操作等方面，而在每一环节的操作当中，亦有若干具体的，甚至是琐碎的事情要做，这些工作是年复一年、日复一日地反复去做的，而恰是经由反复实践，对工作的顺序、步骤和要求大多已了然于胸，那么就完全可以对工作的环节、具体的事项以及琐碎的方面提出规范的要求。

（二）大数据环境下建立教学常规的方法

1.建立教学常规的依据

（1）依据教学规律。教学是一个特殊的认识过程，它是由教师面对众多的学生，通过教科书，把知识技能（人类总结的生存经验），以科学的精神，启发、引导、理论结合实际地传授给学生，并对其进行技能的训练。从学生方面来说，不同年龄段的学生有不同的心理特征与认知特点；从教师方面来说，则必须通晓不同年龄段的学生心理特征与认知特点，将知识的讲授与技能的训练纳入自己的教学系统。全部的教学活动都有其自身的规律，而建立教学常规正是为了实施科学和艺术的教学管理，因此教学常规的建立必须符合大数据环境下的教学规律，亦即只有根据教学规律建立起来的教学常规才是有效的。

（2）依据学科特点。不同的学科有不同的特点，仔细研究起来，不同学科的课堂教学

其差异也是很大的。从学科的知识体系、研究对象，到教学内容、方法手段，各门学科均有它们各自的个性。因此，建立学科的课堂教学常规，必须显示学科教学的特点，它在治学精神、科学态度、操作程序与纪律要求方面必须做出明确的规定与恰如其分的要求。这样做，完全是由学科课堂教学的特点所决定，而符合学科特点的教学常规才是切实可行的。

（3）依据大数据环境条件。教学常规的建立，必须依照各地各校的具体的大数据环境条件，过分理想化往往会脱离实际。因为我国幅员辽阔，各地各校的设施、设备条件差异很大，因此在建立课堂教学常规时，不得不考虑各地各校的环境条件。然而，这只是就一方面而言的，另一方面，则要求那些基本性、原则性内容必须具有。也就是说，教学常规的建立既要坚持科学性、原则性，又要适应各地各校的不同环境条件，有一定的伸缩性与适应性。

2.建立教学常规的步骤

习惯上的认识，往往以为规章制度是由上级部门、负责管理者制定的，而群众只有遵守与执行的份儿。其实，科学的管理、艺术的管理，却强调着接受管理者的参与性，亦即在建立常规的过程中，要使接受管理者真正明白常规的每一条规定的道理，从而增强他们遵守常规的自觉性，这才是一种管理的艺术。因此，建立教学常规可采取以下步骤：第一，根据科学性原则及学科特点，将规范化的要求拟成条文；第二，把作为草稿的常规向学生及有关人员宣讲，唤起参与热情，征询其意见，使常规更为完备；第三，形成常规定稿并贯彻实施，在实施过程中及时收集反馈信息，做进一步改进。

二、大数据环境下高等教育图书馆创新管理

（一）大数据环境下图书馆创新管理的含义

大数据环境下创新管理是指组织管理者结合组织内外环境和人员因素，进而引导组织成员进行知识、技术、产品革新的创造过程，激发其思维创新能力，并构建一个符合创新要求与现实需求的文化框架，利用新思维、新手段寻求组织的长足发展。因此，创新管理不仅要求组织领导者具有创新意识，还要求其能够结合现实情况为组织成员创设创新环境，鼓励组织成员积极为组织管理提出合理化建议，激发组织成员的创新潜力和创新精神，进而为形成创新的组织文化提供保障，增强组织的整体竞争力。大数据环境下图书馆的创新管理具有两方面内涵：一方面，从宏观角度上看，图书馆的创新管理包括图书馆危机管理、营销管理、分布式管理等多种管理理念与手段。宏观角度的创新管理与管理创新从本质上看是一致的。另一方面，从微观角度上看，创新管理是采用全新的思想和手段对图书馆工作进行管理，既要求管理思想手段的创新，又要保证管理环境的创新，并且需要图书馆内全员参与，共同决策。因此，在对图书馆创新管理进行探讨时，应注重从宏观与微观相结合的角度进行具体的分析和操作。

（二）大数据环境下图书馆创新管理的原则

（1）勇于突破原则。图书馆组织内部应遵循勇于突破的原则，这是创新的第一步，只

有保证组织内部成员能够突破常规，抛弃固有的思想和被动的工作态度，才能够实现服务方式与工作模式的转变，进一步完善图书馆创新管理的内容与形式。

（2）全面参与原则。从覆盖范围上看，创新管理应涉及图书馆各部门、各层级的全体成员。不仅要求图书馆管理者具有创新思想，同时基层员工也要积极配合组织的创新管理，培养创新意识，推进创新服务的实现。

（3）沟通协调原则。创新管理需要进行细致的规划并给出合理的实施方案。对于方案中可能涉及的人力、物力、财力因素应进行多角度的衡量和判断，需要经过各部门、各层级的共同参与并进一步确认，对不合理的环节进行一定的调整，确保创新方案的确定是图书馆组织内各成员共同沟通协作产生的最佳结果。

（4）激励支持的原则。图书馆针对创新管理而实施的激励与支持机制是保证图书馆组织人员保持创新积极性的前提。当馆内成员提出合理性创新规划时，图书馆管理者应给予充分肯定，在适当情况下可以给予人力、物力、财力方面的支持，使得创新思想得以实现。

三、大数据环境下高校教育人力资源管理

（一）大数据环境下人力资源管理的基本理论

1. 增值理论

对于一个经济组织来说，人力资源就是一种投资方式，通过对人的投资，实现企业经济效益的大幅度提高，这是一种投资最小、收益最大的投资方式。这里所说的增值理论指的是人力资源的增值，即人力资源质量的提高和人力资源数量的增大。如前所述，人力资源管理是指对除丧失劳动能力的人以外的人所进行的管理，要实现优质的人力资源管理，就要进一步加强对人力资源的营养保健投资和教育培训投资。正所谓"身体是一切的本钱"，只有健康的体魄才能创造更多的劳动价值，因此企业应该为内部员工的身体健康创造有利条件。而教育培训投资与营养保健投资相比，对企业具有更大的意义，要想使企业中的员工提高其生产效率和生产能力，就必须对其进行相关的业务培训。社会在不断地发展，生产技术和方法、管理手段、人们的观念等都在发生着日新月异的变化，因此企业要加强对员工的各种培训，以适应科技发展，从而为企业做出更大的贡献。

2. 激励理论

激励理论是指通过承诺满足员工的物质或精神需求和欲望，增强员工的心理动力，使员工充分发挥积极性而努力工作的一种理论。一个人的能力通常会在他的工作中体现出来，在工作中他是否积极，以及积极的程度有多高等都会影响他能力的发挥。人力资源管理者在进行员工激励时，可以采取物质激励和精神激励两种方式。其中，物质激励有两种：一种是正激励，即通过工资、补助、津贴、奖金等方式提高被激励者的待遇，让他们努力工作，换取更多的物质价值；另一种是负激励，即通过罚款、扣除奖金等方式对被激励者进行刺激，让他们不要安于不利现状，要摆脱消极状态，积极为个人发展和企业发展寻求

方向。而精神激励也同物质激励一样，具有两种方式，即正面精神激励和负面精神激励。所谓正面精神激励是指通过对被激励者的积极行为、良好态度、优秀业绩等进行正面评价与鼓励，在企业内部进行宣传和推广，使其进一步受到大家的尊敬；所谓负面精神激励，顾名思义，即通过适当的批评，对被激励者形成精神刺激，激发他们奋勇向前、不甘于人后的意志。在进行负面精神激励时，要把握好分寸，不能因方式夸张或言辞过激等原因使被激励者产生抵触心理，这不仅不利于员工的自我建设，更不利于企业的健康发展。

（二）大数据环境下人力资源管理的职能定位

1. 战略经营职能

人力资源管理是组织战略的重要内容，它的根本任务是确保人力资源管理相关政策与组织的战略发展相匹配，最终实现组织的战略目标。大数据环境下现代人力资源管理的战略经营职能包括两个方面的内容：一方面，人力资源管理要做好战略规划和策略的选择；另一方面，人力资源管理要做好战略的调整与实施。

2. 直线服务职能

首先，人力资源管理者是最熟悉国家有关劳动和社会保障方面法律法规问题的人，因此应该做好指导和帮助业务部门严格遵守组织内部及国家在人力资源管理方面的政策、规定，严格按照规定处理关系、安排工作。其次，人力资源管理者的主要工作内容就是针对组织的用人需求，进行人员的规划、招聘、考试、测评、选拔、聘用、奖励、辅导、晋升、解聘等工作，因此应该发挥本身优势对相关部门处理对员工的任用培训、辅导、劳动保护、薪酬分配、保险福利、合理休假与退休办理等各种事项时给予帮助和指导。最后，由于矛盾是普遍存在的，只要有人的地方就免不了产生各种纠纷，尤其是在涉及个人利益时，更是纠纷不断。在一个组织内部，由于立场不同以及考虑问题的角度不同等原因，导致员工和组织间很容易发生劳动争议和劳动纠纷，这时就需要人力资源管理者对发生这类问题的部门给予指导和帮助，以助其尽快恢复正常的工作秩序。

3. 人事管理职能

人力资源管理的对象是人，因此同传统的人力资源管理一样，现代组织的人力资源管理的核心职能依然是进行人事管理，这要求人力资源管理者根据企业或组织的实际情况，设计和贯彻独具特色且科学有效的人力资源管理制度、规章以及流程。

参考文献

[1] 林鹤，曹磊，夏翠娟 . 图情大数据 [M]. 上海：上海科学技术出版社，2020.

[2] 肖君 . 教育大数据 [M]. 上海：上海科学技术出版社，2020.

[3] 杜艮之 . 大数据与城乡融合发展 [M]. 长春：吉林人民出版社，2020.

[4] 曾凌静，黄金凤 . 人工智能与大数据导论 [M]. 成都：电子科技大学出版社，2020.

[5] 刁生富，冯利茹 . 重塑：大数据与数字经济 [M]. 北京：北京邮电大学出版社，2020.

[6] 朱扬勇 . 大数据资源 [M]. 上海：上海科学技术出版社，2018.

[7] 徐继业，朱洁华，王海彬 . 气象大数据 [M]. 上海：上海科学技术出版社，2018.

[8] 陈媛 . 大数据与社会网络 [M]. 上海：上海财经大学出版社，2017.

[9] 杨万勇 . 学校教育中的大数据应用 [M]. 宁波：宁波出版社，2020.

[10] 辛阳，刘治，朱洪亮，等 . 大数据技术原理与实践 [M]. 北京：北京邮电大学出版社，2018.

[11] 任庚坡，楼振飞 . 能源大数据技术与应用 [M]. 上海：上海科学技术出版社，2018.

[12] 张毅 . 政务大数据应用方法与实践 [M]. 北京：中信出版集团股份有限公司，2021.

[13] 黄冬梅，邹国良等 . 大数据技术与应用：海洋大数据 [M]. 上海：上海科学技术出版社，2016.

[14] 胡锦，韩丽 . 大数据环境下跨境电商运营管理创新 [M]. 长春：吉林人民出版社，2021.

[15] 李媛 . 大数据时代个人信息保护研究 [M]. 武汉：华中科技大学出版社，2019.

[16] 楼振飞 . 能源大数据 [M]. 上海：上海科学技术出版社，2016.

[17] 王晓丽，孟秀蕊 . 大数据时代预算管理理论与创新实践研究 [M]. 长春：吉林人民出版社，2021.

[18] 陈挚 . 大数据背景下高校融媒体平台建设探索 [M]. 长春：吉林人民出版社，2021.

[19] 刘珊 . 大数据与新媒体运营 [M]. 北京：中国传媒大学出版社，2017.

[20] 刘玉华 . 浅谈大数据时代 [J]. 乡镇企业导报，2022(02)：157-159.

[21] 黄金枝，贾利军 . 大数据的哲学审视 [J]. 科学技术哲学研究，2022(04)：105-110.

[22] 唐诗大数据 [J]. 新少年，2022(01)：74-75.

[23] 林松月，刘进 . 大数据与院校研究 [J]. 重庆高教研究，2022(04)：7-19.

[24] 梅宏 . 大数据与数字经济 [J]. 求是，2022(02)：28-34.

[25] 夏红雨，刘艳云.论大数据会计 [J].财会月刊，2022(01)：97-104.

[26]Drew Armstrong.消失的疫苗大数据 [J].商业周刊（中文版），2022(01)：4-7.

[27] 周策.大数据破"暗道"[J].审计月刊，2022(02)：50-51.

[28] 付雯，张才能，周宏杰，等.大数据时代简述 [J].爱情婚姻家庭（教育观察），2021(07)：297.

[29] 徐世垣.大数据和人工智能 [J].丝网印刷，2021(05)：41-43.

[30] 付雯，谢壮，秦渝琳，等.大数据技术概论 [J].爱情婚姻家庭（教育科研），2021(09)：32.

[31] 张龙飞.大数据外交探析 [J].缔客世界，2021(07)：150.

[32] 徐以立.让大数据"说话"[J].质量与标准化，2021(07)：16-19.

[33] 孟祥进.探析大数据与会计 [J].区域治理，2021(31)：227-228.

[34] 盛振江.大数据与社会治理 [J].爱情婚姻家庭（教育观察），2021(02)：180.

[35] 吴秋余.大数据驱动未来 [J].刊授党校，2021(08)：51.

[36] 涂云友.大数据时代高职大数据与会计专业转型研究 [J].成都航空职业技术学院学报，2022(01)：1-3，7.

[37] 谢小刚，张冠兰.基于大数据时代的大数据管理对策分析 [J].网络安全技术与应用，2022(06)：62-64.

[38] 杭肖.大数据与个人隐私浅析 [J].网络安全技术与应用，2022(10)：55-56.

[39] 王玉梅.浅谈大数据之发展 [J].数字化用户，2022(37)：19-21.

[40] 杨震，刘飞.大数据的认知风险反思 [J].工业控制计算机，2022(04)：63-64，73.